Dr. rer. nat. Alexander Schluttig

Umweltbiotechnologie

Mikroben für eine gesündere Umwelt

AULIS VERLAG
DEUBNER & CO KG · KÖLN

CIP-Titelaufnahme der Deutschen Bibliothek
Schluttig, Alexander:
Umweltbiotechnologie : Mikroben für eine gesündere Umwelt /
Alexander Schluttig. – 1., für d. Aulis-Verl. veranst. Aufl. –
Köln : Aulis-Verl. Deubner, 1990
  (Wir und die Natur)
  ISBN 3-7614-1344-0

Best.-Nr. 6428
1., für den Aulis Verlag veranstaltete Auflage
Alle Rechte (c) bei Urania-Verlag Leipzig/Jena/Berlin
Verlag für populärwissenschaftliche Literatur, Leipzig 1990
Lizenzausgabe für den AULIS VERLAG DEUBNER & CO KG, Köln
1990
Printed in the German Democratic Republic
ISBN 3-7614-1344-0

Inhalt

Umweltschutzprobleme – kann Biotechnologie helfen?

Umwelt ist die Welt, in der wir leben und die wir verändern. So, wie der Mensch seinen Lebenskreis gestaltet, so wird er sich darin auch wohlfühlen – oder nicht. Diese Definition mag nicht allen wissenschaftlichen Anforderungen genügen, jedoch enthält sie die beiden wichtigen Vorgänge »Veränderung« und »sich wohlfühlen«. Unter diesem Aspekt wollen wir versuchen, den Zusammenhang zwischen Umwelt und Biotechnologie zu verstehen. Die Geschwindigkeit, mit der der Mensch seine Umwelt verändert, ist in vielen Bereichen zur Raserei geworden. Unter anderem auch mit den bekannten katastrophalen Nachwirkungen. Folgen dieser intensiven Umweltveränderung sind neben Positivem auch die bekannten Umweltprobleme. Alle Dinge dieser Welt stehen zueinander in bestimmten Beziehungen. Diese wiederum sind Bestandteile von Kreisläufen. Solange der Mensch nicht alle Wechselwirkungen der einzelnen Bestandteile seiner Welt kennt, muß es zwangsläufig zu Nebenwirkungen seines Eingreifens in die Natur kommen. Von ihm hervorgerufene Veränderungen haben zu Folgen, die nicht vorhersehbar waren, geführt, aber auch Vorausberechenbares mußte oftmals erst erfahren werden. In dem Maße, wie der Mensch immer mehr Kenntnis von seiner Umwelt erhält, ist er in der Lage, bewußter in diese einzugreifen, sie sich zu Nutze zu machen, ohne sie zu schädigen (und damit sich selbst Schaden zuzufügen). Biotechnologie kann hierbei eine große Hilfe, ja eine wichtige Voraussetzung sein.

Ein kurzer Blick auf die Geschichte soll das verdeutlichen. Die Entstehung der Landwirtschaft führte zur Züchtung besonders ertragsreicher Sorten von Pflanzen und zu besonders geeigneten Tierrassen. Dadurch wurde die Existenzgrundlage für mehr Menschen als zur Zeit der Jäger und Sammler geschaffen. Prompt erhöhte sich auch die Konzentration von Mensch und Tier. Dies war bis zu dem Zeitpunkt, an dem die Ausscheidungen von Mensch und Tier sowie die Reste der Tiere und Pflanzen als Dünger in der Landwirtschaft selbst wiederverwendet wurden, unproblematisch und ohne negative Auswirkungen auf die Umwelt. Erst in unseren Tagen ist es durch die Haltung von Tieren auf kleinstem Raum (der »Tierproduktion«) zu dem Phänomen gekommen, daß mehr Ausscheidungen dieser Tiere (Gülle) anfallen, als im gleichen Territorium zum Düngen verwendet werden können. Dies macht den Transport und die Verarbeitung der Gülle notwendig – energieintensive Verfahren, die eine Schädigung der Umwelt durch »Überdüngung« verhindern.

Je mehr Menschen auf kleinstem Raum zusammenleben, desto höher ist die Konzentration an flüssigen und festen Abfällen (Ausscheidungen, Hausmüll). Während auf dem Dorf alle diese Dinge auf dem Mist- und Komposthaufen landen und damit wieder als Dünger dem Boden zugeführt werden, kommt es in der Stadt zur Anhäufung dieser Stoffe. Ist die Stadt noch klein genug, sorgt der Fluß für die Beseitigung des Abfalls. In der Tat ist er bestens geeignet dafür, denn in ihm geht die Umwandlung von Abfall zu einfachsten anorganischen Verbindungen (Kohlendioxid, Wasser, Mineralsalze) besonders schnell. Dies liegt daran, daß er reich an Mikroorganismen ist und gut mit Sauerstoff versorgt wird. Aber auch dieses natürliche Potential hat seine Grenzen: Bald reicht der Sauerstoff nicht mehr aus, und der Abfall häuft sich auch hier an. Man sagt, das Gewässer »kippt um«. Aus dem sauberen Fluß kann so sehr schnell eine stinkende Kloake werden.

Diese Probleme sind nicht neu. Alle größeren Städte des Mittelalters hatten bereits mit der Verschmutzung von Wasser und Luft zu kämpfen. Mit steigender Bevölkerungszahl, dem Anwachsen der Städte, der Erhöhung der Produktion und Veränderung der Produktionsprozesse im Sinne höherer Produktivität geht die Umweltverschmutzung ständig weiter.

An dieser Stelle nun ist der Mensch gefordert. Er muß Verfahren und Bedingungen schaffen, mit dem von ihm produzierten Abfall fertig zu werden. Fertig werden heißt in jedem Fall, die Bestandteile dieser »Abprodukte« den natürlichen Kreisläufen wieder zuzuführen. Im Kapitel über Abwasserreinigung werden wir uns genauer damit beschäftigen.

Umweltprobleme haben in unseren Tagen eine neue Dimension erhalten: Es ist bereits großer Schaden entstanden, und es gibt keinen Bereich unserer Umwelt, der nicht betroffen, also bereits erkrankt ist. Hier müssen Veränderungen stattfinden, wie wir sie vom ganz persönlichen Gesundheitsschutz kennen. Dieser besteht bekanntlich aus Vorsorge (Prophylaxe), Heilung (Therapie) und Nachsorge (Rekonvaleszenz). Anhand Ihrer letzten Grippeerkrankung können Sie diese Schritte gut nachvollziehen: Weil die Vorsorge eben nicht gut war (»Wer wird schon so empfindlich sein!«), haben Sie acht Tage im Bett zugebracht, mußten vielerlei unschöne Dinge (Medikamente, Schwitzbäder) über sich ergehen lassen und haben sich, nachdem alles überstanden war, doch ganz schön matt und abgekämpft gefühlt. So hat es noch einige Tage gedauert, bis Sie wieder ganz auf den Beinen waren. Sicher haben Sie Ihre eigenen Lehren daraus gezogen (die Ihnen aber nur wenig nützen, wenn Sie in der Straßenbahn Ihr Nachbar mit vierzig Fieber kräftig anniest!). Dies alles gilt sinngemäß für den Umweltschutz: Verhindern, daß Gesundes krank wird, Krankes heilen und nach der Genesung gesund erhalten. Umweltschutz ist zu einem Ländergrenzen überschreitenden Problem geworden. Ebenso wie bei der Erhaltung des Friedens kommt es auf die Bereitschaft und das Zusammenwirken aller an.

Wenn wir uns fragen, was Biotechnologie für den Schutz und die Erhaltung von Umwelt tun kann, so wird dies anhand von Prophylaxe, Therapie und Rekonvaleszenz deutlich. Prophylaxe meint Schutz der Umwelt vor schädigenden Einflüssen. Solche sind sehr vielfältiger Natur: Raubbau an natürlichen Vorräten, Produktionsprozesse mit toxischen Nebenprodukten, Prozesse bei denen Energie (Wärme) ungenutzt und unkontrolliert in die Umwelt abgegeben wird und vieles mehr. Biotechnologie hilft, gesundheitsschädigende Einflüsse zu beseitigen. Ein gegenwärtig und auch künftig bedeutsamer Prozeß hierbei ist die Abwasserreinigung mit ihren modernen Verfahren zur mikrobiologischen Entgiftung toxischer Industrieabwässer. Damit wird gleichzeitig der entscheidende Schritt für die Heilung getan: Weglassen des Krankmachenden. Biotechnologie hilft, natürliche Rohstoffquellen intensiver und abproduktärmer zu nutzen. Die nahezu vollständige biotechnologische Nutzung des Rohstoffs Holz und die Erschließung von auf herkömmliche Weise nicht ökonomisch vertretbar zu verwertenden Armerzen z. B. bei der Kupfergewinnung mögen als Beispiele dienen.

Biotechnologie hilft Energie sparen. Alle chemische Energie auf der Erde kommt letztendlich von der Sonne. Sie wird über den wichtigsten Prozeß des Lebens, die Photosynthese, in Form von Zuckern in den grünen Pflanzen festgelegt. Die Verarbeitung von Pflanzen bzw. der nichtverwertbaren Pflanzenreste zu gut handhabbaren Energieformen (Biogas, Ethanol) ist ein biotechnologischer Prozeß, um nachwachsende Energiequellen als Ergänzung und Alternative zu den fossilen Energieträgern Kohle und Erdöl zu erschließen. Die Eckpfeiler von Umweltbiotechnologie: Beseitigung von giftigen Stoffen aus der Umwelt bzw. Verhinderung ihrer Freisetzung in die Umwelt, intensive Nutzung vorhandener Möglichkeiten und Energien schließen alle Bereiche der Umwelt ein.

Deshalb läßt sich ohne Übertreibung sagen: Biotechnologie ist Umweltschutz.

Mikroben als biologische Katalysatoren im Produktionsprozeß: Biotechnologie

Wir erleben es täglich: Natur und Technik sind schwer unter einen Hut zu bekommen. Aus dem Nebeneinander, das nur allzuoft in ein Gegeneinander ausartet, resultieren unsere Umweltprobleme. Zu Recht fordern wir von Wissenschaftlern und Technikern eine umweltfreundliche Technik und Industrie. Das mag mitunter nicht einfach sein, daß es möglich ist, zeigt uns gerade die Biotechnologie in faszinierender Weise. In dem Maße, wie Biotechnologie das gedeihliche Miteinander von Natur und Technik demonstriert, führt sie uns auch die Grenzen dieses Zusammenwirkens vor Augen. Und sie zeigt uns, daß immer genauere Kenntnisse von Natur und Technik, gepaart mit Mut und Risikobereitschaft, diese Grenzen mehr und mehr hinausschieben können. Man mag bei diesem Gedanken zunächst an die spektakulären Erfolge von Molekularbiologie und Gentechnik denken, jedoch ist auch und gerade der traditionelle Bereich der Biotechnologie von deutlichen Grenzverschiebungen betroffen.

Die Anwendung der Biotechnologie für Belange des Umweltschutzes zeigt dies, indem sie Verquickungen von Traditionellem und erst vor kurzem Entdecktem zu völlig neuen Prinziplösungen hervorgerufen hat.

Mit Biotechnologie läßt sich kein Stahl schmelzen, sie ist eine weiche Technologie. Aber überall dort, wo es darum geht, unter Bedingungen, die Leben ermöglichen, Stoffumwandlungen durchzuführen, ist sie prinzipiell möglich.

Beginnen wir damit, den Sinn des Wortes Biotechnologie zu erschließen. »Bio« steht für »Biologie« oder »biologisch«. Es ist zusammengesetzt aus »bios« (griech., das Leben) und »logos« (griech., das Wort, die Lehre) – Biologie als die Lehre vom Leben. Technologie ist die Lehre von der Technik, d. h. »die Lehre von den Künsten und Fertigkeiten, mit deren Hilfe die von der Natur gelieferten Rohstoffe in den Fabriken zu Gebrauchsgegenständen, zu Gütern, umgearbeitet werden« (Ost-Rassow, 1953). Die Vorsilbe »Bio« weist darauf hin, daß die Technologie, von der hier die Rede ist, mit dem Lebendigen zu tun hat.

Biotechnologie ist demnach die Lehre der technischen Umwandlung von Naturerzeugnissen durch Lebewesen. Oder, etwas allgemeiner: durch biologische Prozesse. Es gibt weitere Begriffe, die Teilgebiete der Biotechnologie charakterisieren: Technische Mikrobiologie, Industrielle Mikrobiologie, Bioingenieurtechnik, Industriemikrobiologie. Ebenso, wie die chemische Technologie »etwas ganz anderes als reine Chemie« ist (»Sie ist die Summe aus vielen Einzelwissenschaften, von denen die Chemie nur eine, aber die wichtigste ist« (Ost-Rassow, 1953)), ist Biotechnologie ebenfalls ein Wissens- und Anwendungsgebiet, an dem mehrere Wissenschaftszweige beteiligt sind: Biologie (hier besonders Mikrobiologie, Biochemie, Molekularbiologie, Genetik), Chemie, Verfahrenstechnik, Gerätebau, Mathematik, Informatik, Elektronik, Meß- und Regeltechnik.

Diese kurzen Vorbemerkungen erfordern Erläuterungen. Und so müssen wir, bevor wir uns mit der Frage beschäftigen, was Biotechnologie für den Schutz unserer Umwelt tun kann, zunächst einmal genauer klären, was Biotechnologie ist. Ein sehr klares und umfassendes Bild liefert folgende Aussage:

»Gegenwärtig versteht man unter Biotechnologie den Einsatz biologischer Prozesse im Rahmen technischer Verfahren und industrieller Produktionen. Sie ist also eine anwendungsorientierte Wissenschaft der Mikrobiologie und Biochemie, die in sehr enger Verbindung mit der technischen Chemie und der Verfahrenstechnik steht. Die Biotechnologie behandelt immer Reaktionen, die im Prinzip biologischer Natur sind. Diese Reaktionen werden entweder mit lebenden Mikroorganismenzellen, pflanzlichen und tierischen Zellen bzw. deren Geweben oder aber mit Enzymen aus Zellen oder Zellteilen durchgeführt.« (Präve, u. a. 1982)

Ein Beispiel soll uns helfen, das Wesen von Biotechnologie zu verstehen:

Aus dem Chemieunterricht kennen wir die verallgemeinerte Darstellung einer chemischen Reaktion: Stoff A reagiert in Anwesenheit eines Katalysators bei einer Temperatur von x°C und einem Druck von y atm mit Stoff B unter Bildung der Produkte C und D. Die Reaktionsbedingungen werden wesentlich durch die Ansprüche des Katalysators bestimmt. Wenn diese Bedingungen nicht eingehalten werden, läuft die Reaktion nicht oder nur unvollständig ab, d. h., die gewünschten Produkte C und D werden nur zu einem geringen Teil aus A und B gebildet. Eine gleichgeartete »allgemeine« Reaktion kann mit Hilfe eines biologischen Katalysators, beispielsweise eines Mikroorganismus, ablaufen. In diesem Falle sind die benötigten Reaktionsbedingungen die Lebensansprüche des Katalysator-Mikroorganismus. Im Gegensatz zu vielen Reaktionen der chemischen Technologie sind hier »weiche«, »lebenswerte« Bedingungen wie Normaldruck und Temperaturen unterhalb des Siedepunkts von Wasser (in der Regel zwischen 20 und 50°C) gefragt – also Bedingungen, unter denen das Katalysator-Bakterium seine volle Lebens- und Schaffenskraft entfalten kann. Bereits hier muß es Erweiterungen geben: Einige Mikroorganismen sind in der Lage, bei hohem Druck (bis 250 atm), hohen Temperaturen (um 100°C) und niedrigem pH-Wert (um pH 0,1) zu leben und zu arbeiten. Manchmal tun sie dann Dinge, die ihre Kollegen unter Normalbedingungen gar nicht schaffen können. Aber die Zeit für diese »extremen« Mikroben wird noch kommen; gerade hat man erst entdeckt, zu welchen erstaunlichen Leistungen sie in der Lage sind.

Lebewesen als Katalysatoren biochemischer Reaktionen sind für den Biotechnologen immer wieder eine harte Nuß: Im Vergleich zum anorganischen Katalysator (wie beispielsweise Kupfer oder Nickel bei der chemischen Ethanolgewinnung) sind Lebewesen natürlich komplizierter. Und dazu sind diejenigen Bedingungen, unter denen sich der betreffende Mikroorganismus besonders wohlfühlt, nicht immer gleich denen, die er benötigt, um die gewünschte Reaktion zu katalysieren. Diese Bedingungen zu erforschen, bemühen sich in erster Linie Mikrobiologen und Biochemiker. Unterdessen manipulieren die Genetiker den Produktionsmikroorganismus so, daß er das gewünschte Produkt in weitaus größerem Maße herstellt als der Wildstamm. Durch Veränderungen am genetischen Material (der DNA) entstehen Hochleistungsstämme. Wenn Mikrobiologen in mühevoller Kleinarbeit herausgefunden haben, welche Lebensbedingungen der biologische Katalysator benötigt, um in kürzester Frist soviel wie möglich gewünschtes Produkt aus den angebotenen Rohstoffen zu bilden und es auch mit einigen »Tricks« gelungen ist, seine Arbeitswut zu steigern (auch Mikroorganismen unterscheiden zwischen Arbeit und Leben), dann müssen die Apparatebauer für ein gemütliches Heim, das gleichzeitig hocheffektiver Arbeitsplatz ist, sorgen. Diesen Apparat nennt man Bioreaktor oder auch Fermentor. Eine Prinzipdarstellung findet sich in Abbildung 1. Wie unterschiedlich Bioreaktoren in ihrem Aussehen auch sein mögen, stets dienen sie nur dem Zweck, für den Mikroorganismus

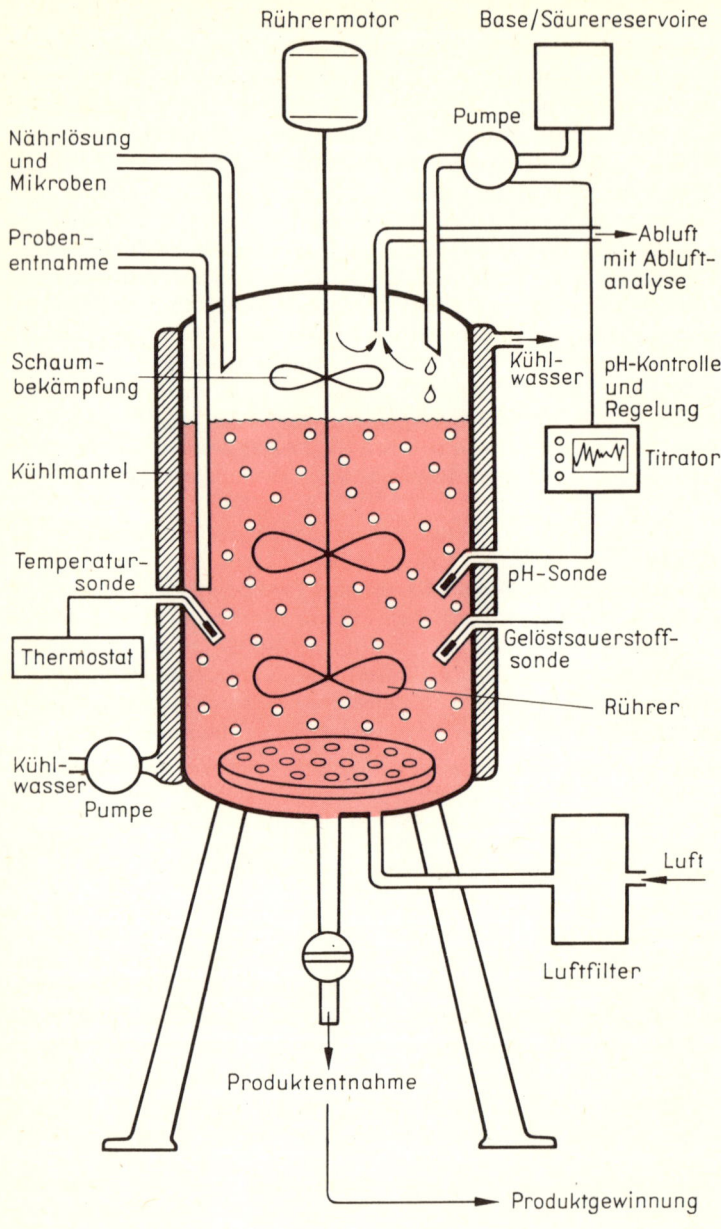

Rührermotor

Base/Säurereservoire

Pumpe

Nährlösung und Mikroben

Proben- entnahme

Schaum- bekämpfung

Kühlmantel

Temperatur- sonde

Thermostat

Kühl- wasser

Pumpe

Abluft mit Abluft- analyse

Kühl- wasser

pH-Kontrolle und Regelung

Titrator

pH-Sonde

Gelöstsauerstoff- sonde

Rührer

Luft

Luftfilter

Produktentnahme

Produktgewinnung

optimale Lebens- und Schaffensbedingungen zu realisieren. Aufwendige Meß- und Regeltechnik sind Kennzeichen moderner Anlagen. Dies alles ist notwendig, denn was im Reagenzglas gut klappt, kann im Hochhaus (so groß sind industrielle Bioreaktoren mitunter) schon zu erheblichen Problemen führen. Die Verfahrenstechnologen leisten nun die enorm wichtige Arbeit der Maßstabsvergrößerung (englisch: scale up). Und die Ökonomen melden auch hier schon ihre Forderungen an. Wie der Prozeß auch aussieht, er muß wie jedes industrielle Verfahren in allererster Linie ökonomisch sein. Bei der Anwendung von Biotechnologie im Umweltschutz kann die Ökonomie des biotechnologischen Prozesses nicht vordergründig gesehen werden. Hier muß man die Auswirkungen von Umwelt- und Gesundheitsschutz auf alle Bereiche des gesellschaftlichen Lebens ins Kalkül ziehen. Dies macht mitunter noch Schwierigkeiten. Was da am Schluß als »Prozeß« herauskommt, sind eigentlich Kompromisse zwischen den Ansprüchen des Mikroorganismus und den technischen und ökonomischen Möglichkeiten seines Auftraggebers, des Menschen.

Biotechnologie findet im Gegensatz zu weiten Bereichen der Chemotechnologie im Wasser statt. Dies liegt daran, daß der Katalysator Mikroorganismus Wasser zum Leben benötigt und nur in der Lage ist, in Wasser gelöste Stoffe in sich aufzunehmen und zu verarbeiten. Die sogenannte »Fermentationsbrühe« enthält alle Stoffe, die für das Leben des Mikroorganismus erforderlich sind, darüber hinaus natürlich alle für die Reaktion notwendigen Komponenten.

Wichtig für das Gelingen der Reaktion ist es auch, daß nur eine Mikrobenart oder ein genau festgelegtes Gemisch von Mikroben (eine sogenannte »Mischkultur«) im Fermentor vorhanden ist. »Viele Köche verderben den Brei« ist nicht nur eine küchenorganisatorische, sondern auch eine biotechnologische Wahrheit.

Für umweltbiotechnologische Verfahren (Abwasserreinigung etc.) spielen Mischkulturen eine hervorragende Rolle. Die Zusammensetzung dieser Mischkulturen wird durch das Nahrungsangebot geregelt. Bei den meisten biotechnologischen Produktionsverfahren werden »Reinkulturen« verwendet. Weil in der nährstoffreichen Fermentationsbrühe in der Regel unterschiedliche

Abb. 1 Apparatives Kernstück der Biotechnologie ist der Bioreaktor, auch Fermentor genannt. Er ist der Lebensraum des biologischen Katalysators Mikrobe mit allen Möglichkeiten zur Schaffung eines hocheffektiven Arbeitsplatzmilieus: Sauerstoffversorgung, Temperaturregelung, pH-Wert-Einstellung. Abluftanalysen und teilweise auch Produktanalysen erfolgen in modernen Anlagen vollautomatisch und computergestützt.

Mikroben leben können, diese Keime überall in Wasser, Luft und Boden vorhanden sind und nur auf den Augenblick »warten«, in dieses »Schlaraffenland« zu gelangen, muß die Fermentationslösung vor dem Beimpfen mit dem Produktionsstamm keimfrei gemacht werden. Meist geschieht dies durch Kochen unter Druck. So läßt es sich vorstellen, daß bei sehr großer Fermentationsvolumina eine Sterilisation von Fermentor und Nährlösung auf diese oder ähnliche Weise nicht ökonomisch ist. Mikrobiologen studieren deshalb genau die Nährstoffansprüche der verschiedensten Mikroorganismen und können somit über die Zusammensetzung der Fermentationsbrühe schon die Gefahr der Verunreinigung durch Fremdkeime vermindern. Je »exotischer« die Lebensansprüche eines Mikroorganismus sind, um so eher läßt er sich als Reinkultur auch in nicht sterilisierter Fermentationslösung kultivieren.

Für das Beimpfen und somit den Beginn des Prozesses der Fermentation müssen die Mikroorganismen sozusagen von einer einzelnen Zelle aus vermehrt werden, um sicher zu gehen, daß nur der gewünschte Mikroorganismus in den Reaktor gelangt. Sind die Mikroben in die Fermentationslösung eingebracht, stimmen Temperatur und pH-Wert, kann der Prozeß gestartet werden. Zugabe von steriler Luft über ein Filtersystem gewährleistet die Versorgung der Zellen mit Sauerstoff. Damit der Sauerstoff der Luft sich gut in der Fermentationsbrühe löst, wird kräftig gerührt. Jetzt haben die Mikroben alles, was sie zum Leben und zum Produzieren des gewünschten Stoffes brauchen, die Reaktion kommt in Gang.

Während der folgenden Stunden vermehrt sich der Mikroorganismus und gibt das von ihm hergestellte Produkt in die Fermentationslösung ab. Entsprechende Analysenmethoden erlauben es, die Produktbildung während der Fermentation genau zu verfolgen. Biotechnologen kontrollieren diesen Prozeß mit moderner Meß- und Regeltechnik und häufig erleichtern auch hier Computer die Arbeit. Da wir es mit Mikroben zu tun haben, ist die Erfahrung im Umgang mit diesen eine wichtige Voraussetzung für die Prozeßsteuerung. Nicht zuletzt deshalb ist das Mikroskop nach wie vor eines der wichtigsten Hilfsmittel des Biotechnologen. Ein Blick hinein in das Leben im Reaktor bringt ihm wichtige Informationen über den Zustand des Fermentationsprozesses.

Abb. 2 Der biotechnologische Produktionsprozeß wird in Fermentationsvorbereitung, Fermentation und Produktaufarbeitung unterteilt.

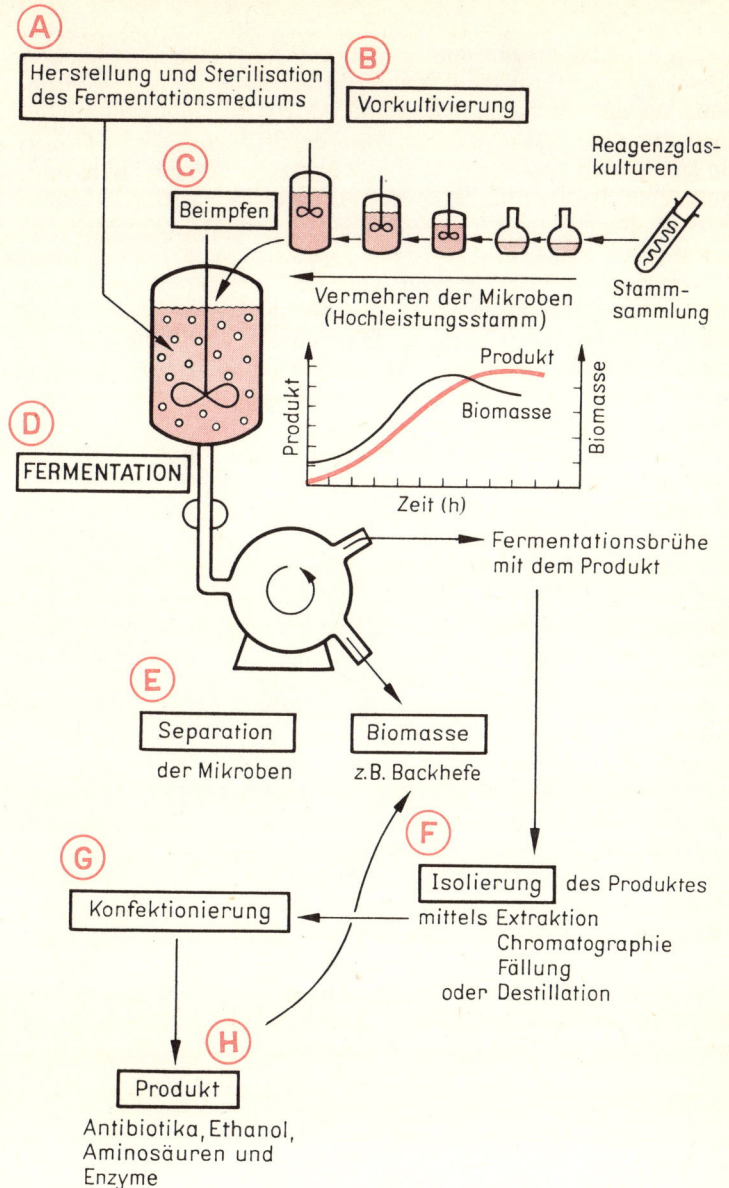

A Herstellung und Sterilisation des Fermentationsmediums

B Vorkultivierung

Reagenzglas-kulturen

C Beimpfen

Vermehren der Mikroben (Hochleistungsstamm)

Stamm-sammlung

D FERMENTATION

Produkt

Biomasse

Produkt

Biomasse

Zeit (h)

Fermentationsbrühe mit dem Produkt

E Separation der Mikroben

Biomasse z.B. Backhefe

G Konfektionierung

F Isolierung des Produktes mittels Extraktion Chromatographie Fällung oder Destillation

H Produkt Antibiotika, Ethanol, Aminosäuren und Enzyme

Schließlich wird entschieden, daß die Fermentation beendet ist. Dies geschieht immer dann, wenn die Raum-Zeit-Ausbeute im Verhältnis zum Aufwand geringer wird, wenn also der Prozeß »unökonomisch« zu werden droht. Nun werden die Mikroorganismen aus der Fermentationslösung abzentrifugiert. Man kann sie trocknen und verfüttern (Bierhefen) oder auch wertvolle Zellinhaltsstoffe (Enzyme, Cytochrome) aus ihnen gewinnen. Zuvor werden sie aber abgetötet, um nicht als Verunreinigung in die Umwelt zu gelangen.

Das von den Mikroben gebildete Produkt, das während des Fermentationsprozesses in die Fermentationslösung ausgeschieden wurde, wird nun von Chemikern mit hocheffektiven und mitunter sehr komplizierten Präparationstechniken aus dieser isoliert und gereinigt. Diese Produktaufarbeitung stellt einen selbständigen Zweig der Biotechnologie dar. Man kann verallgemeinern: Je komplizierter die vom Mikroorganismus hergestellten Verbindungen sind, desto aufwendiger ist ihre Isolation und Reinigung. Modernste Analysen- und Präparationsmethoden auf der Basis spezifischer Antikörper ermöglichen es dem Chemiker, auch geringste Mengen des Produktes aus der Fermentationslösung in hochreiner Form zu gewinnen. So entstehen beispielsweise hochaktive Medikamente. Aber auch die Aufarbeitung biotechnologischer Massenprodukte (Alkohol, Aminosäuren) erfährt eine ständige Vervollkommnung und Effektivierung. Ist das gewünschte Produkt im benötigten Reinheitsgrad hergestellt, wird es in eine entsprechende Anwendungsform gebracht. Nach dieser »Konfektionierung« gelangt es dann in unser tägliches Leben.

Die Verwandtschaft von chemischer Technologie und Biotechnologie (lange Zeit wurde »mikrobiologische Technologie« im Fach »Chemische Technologie« gelehrt!) ist sehr eng. Eigentlich sind es nur der Katalysator, die Rohstoffe und die Reaktionsbedingungen, die den Unterschied machen. Der technologische Gesamtprozeß (Abb. 2) ist bei beiden prinzipiell gleich. Unterschiede ergeben sich aus der Tatsache, daß lebende Katalysatoren so extrem vielgestaltig und anspruchsvoll sind. Ihre hohe Leistungsfähigkeit erhalten wir von der Natur gratis.

Im Kleinen geht alles schneller –
von den großen Fähigkeiten der Mikroben

Etwa die Hälfte aller biotechnisch gewonnenen Produkte wird von Bakterien, die andere Hälfte von Hefen und Hyphenpilzen hergestellt. Säugerzellen und Zellen von Pflanzen sind in jüngerer Zeit als Katalysatoren hinzugekommen. Darüber hinaus ist die

Tabelle 1   *Einige wichtige biotechnologische Produkte und ihre Erzeuger*

Produkt	Mikroorganismus
Bier, Wein	Hefen *(Saccharomyces cerevisiae* und *Saccharomyces carlsbergiensis)*
Käse	Schimmelpilze *(Penicillium camberti)* und Bakterien *(Propionibacterium shermanii)*
Joghurt	Bakterien *(Lactobacillus bulgaricus* und *Streptococcus thermophilus)*
Essig	Bakterien *(Gluconobacter suboxidans)*
Ethanol	Hefen *(Saccharomyces cerevisiae)* und Bakterien *(Zymomonas mobilis)*
Aceton und Butanol	Bakterien *(Clostridium acetobutylicum)*
L-Lysin	Bakterien *(Corynebacterium glutamicum)*
L-Glutaminsäure	Bakterien *Corynebacterium glutamicum*
Sauerkraut	Bakterien *(Lactobacillus plantarum)*
Wurst	Bakterien (Milchsäurebakterien und Micrococcaceae) und Pilze *(Penicillium nalgiovense)*
Polysaccharide (Xanthane und Dextrane)	Bakterien *(Xanthomonas campestris* und *Leuconostoe mesenteroides)*
Einzellerproteine	Pilze *(Candida utilis* und *Saccharomyces lipolytica)* und Bakterien *(Methylophilus methylotrophus)*
Vitamine (B_{12} und Riboflavin)	Hefen *(Eremothecium ashbyi)* und Bakterien (Propionibacterium)

Tabelle 1   *Einige wichtige biotechnologische Produkte und ihre Erzeuger*

Produkt	Mikroorganismus
Antibiotika (Penicilline, Streptomycin, Kanamycin u. a.	Schimmelpilze *(Penicillium chrysogenum)* und Bakterien (*Streptomyces*-Arten)
Enzyme (Amylasen, Proteasen)	Schimmelpilze *(Aspergillus oryzae)* und Bakterien *(Bacillus subtilis)*
Steroidhormone (Transformationen)	Schimmelpilze *(Rhizopus nigricans)* und Bakterien *(Arthrobacter simplex)*
Insulin	Bakterien (*Escherichia coli*, nach genetischer Manipulation)
Interferon	kultivierte Säugerzellen
Bio-Insektizide	Bakterien *(Bacillus thuringiensis)* und Pilze *(Beauveria bassiana)*
Mycoherbizide (Unkrautbekämpfungsmittel)	unkrautpathogene Pilze (*Uromyces, Cercospora, Cephalosporium* u. a.)
Biobergbau (z. B. Kupferlaugung)	Bakterien (*Thiobacillus*-Arten)

Verwendung von Enzymen, die aus Mikroben gewonnen werden, zu einer selbständigen Enzymtechnologie herangewachsen.

In der Tabelle 1 sind wichtige Produkte vor allem der klassischen Biotechnologie und ihre Erzeuger aufgelistet.

Im folgenden wollen wir eine Antwort auf die Frage, welche Besonderheiten es sind, die Mikroorganismen für eine technologische Verwendung so besonders geeignet machen, suchen.

Wichtigstes Merkmal von Mikroorganismen ist ihre Größe, besser: ihre Kleinheit. In dieser Tatsache liegt aber letztendlich der Schlüssel für ihre extrem hohe Leistungsfähigkeit. Wir müssen zunächst wissen, daß die gesamte Körperoberfläche von Bakterien, Hefen oder Pilzen stoffwechselaktiv ist. Dies bedeutet, daß für die Aufnahme von Substraten in die Zelle und die Abgabe von Produkten durch den Mikroorganismus die gesamte Zelloberfläche zur Verfügung steht. Betrachten wir zunächst die Abmessungen von Mikroben: Bakterien haben bei einer durchschnittlichen Länge von $1\,\mu m$ ($1/1000$ mm!) ein Volumen von $1\,\mu m^3$. Hefen hingegen sind etwa $10\,\mu m$ lang und ihr Zellvolumen beträgt etwa $1000\,\mu m^3$, das Tausendfache des Bakterienvolumens also. Das Oberflächen-Volumen-Verhältnis sagt aus, wie groß die Kontaktfläche mit der Umwelt pro Volumeneinheit des betreffenden Organismus ist. Die maximal mögliche Stoffwechselaktivität eines Organismus wird vom Oberflächen-Volumen-Verhältnis bestimmt. Dies bedeutet nichts anderes, als daß diese maximale

Stoffwechselaktivität eines Organismus um so größer ist, je kleiner er ist. Besser gesagt, je größer seine »aktive Oberfläche« im Vergleich zu seinem Volumen ist, oder je mehr aktive Oberflächeneinheiten für eine Volumeneinheit zur Verfügung stehen. Hier ergibt sich eine wichtige Parallele zum Katalysator in der chemischen Technologie: auch dort entscheidet die aktive Oberfläche über die Leistungsfähigkeit des Katalysators.

Versuchen wir, das Ganze zu quantifizieren: Man kann die Stoffwechselaktivität eines (aeroben) Organismus messen, indem man den Sauerstoffverbrauch pro Gewichts- oder Volumeneinheit und Zeit bestimmt. Die Maßeinheit dieses »respiratorischen Quotienten« (als Q_{O_2} bezeichnet) ist Mol Sauerstoff pro Gramm Biomasse pro Stunde. Je höher die Stoffwechselaktivität eines Organismus ist, um so größer ist also sein Sauerstoffverbrauch pro Masseinheit und Zeit. Je schneller der Stoffwechsel abläuft, um so schneller kann auch die Vermehrung des Organismus stattfinden. Als Maß dafür verwendet man die spezifische Wachstumsrate (kurz als μ bezeichnet). Die spezifische Wachstums-(oder Vermehrungs-)rate eines Organismus sagt aus, wievielmal dieser sein Ausgangsgewicht (die Ausgangsbiomasse) pro Stunde verdoppelt. Die Maßeinheit für μ ist daher h^{-1}.

Wenn wir Q_{O_2} und μ ins Verhältnis zum Oberflächen-Volumen-Quotienten eines Organismus setzen, müßte sich anhand von

Tabelle 2 *Ein Organismus kann um so stoffwechselaktiver sein, je größer seine Oberfläche im Vergleich zum Volumen ist.*

Organismus	Oberfläche cm^2	Volumen cm^3	Oberfläche-Volumen-Verhältnis cm^{-1}	Q_{O_2} Mol O_2/g Biomasse/h[1]	»Biomasse-Verdoppelung« = Generationszeit[2]
Bakterien	6×10^{-8}	10^{-12}	60 000:1	1 000	Minuten
Hefen u. Pilze	6×10^{-6}	10^{-9}	6 000:1	100	Stunden
Maus	130	1 000	0,13 :1	ca. 1–20[1]	Wochen
Mensch	13 000	100 000	0,13 :1	ca. 1–20[1]	Jahre
Kuh	38 000	500 000	0,076:1	ca. 1–20[1]	Jahre
Elefant	1 300 000	3 000 000	0,4 :1	ca. 1–20[1]	Jahre

[1] Q_{O_2}-Werte für tierische Gewebe im Reagenzglas
[2] Generationszeit = 1/μ

Zahlen zeigen, ob unsere Behauptung, ein Organismus kann um so aktiver sein, je größer seine aktive Oberfläche im Verhältnis zum Volumen ist, stimmt. In Tabelle 2 sind die Ergebnisse des Vergleiches zusammengetragen.

Es wird klar, daß Mikroorganismen im Vergleich zu anderen Lebewesen ein enorm hohes Stoffwechselpotential besitzen. Diese hohe maximale Stoffwechselgeschwindigkeit ist Grundlage für den Einsatz von Mikroben als biologische Katalysatoren. Hier sind Einschränkungen und Ergänzungen nötig: Wissenschaftler haben unzählige Male festgestellt, daß die Geschwindigkeiten, mit denen verschiedene Substrate von ein und demselben Mikroorganismus verstoffwechselt (für Erhaltungsstoffwechsel und Vermehrung genutzt) werden, unterschiedlich groß sind. Dessen ungeachtet wird aber die maximale Stoffwechselrate immer abhängig von der »aktiven« Oberfläche pro Volumeneinheit des Organismus sein. Substrat und Umweltbedingungen beeinflussen diese mikrobielle Potenz erst in zweiter Instanz.

Der Stoffwechsel und die Vermehrung von Mikroorganismen sind durch eine Vielzahl mehr oder weniger komplizierter Regulationsmechanismen biochemisch optimiert. Dies ist dann (im Ergebnis) einfach und logisch: Die Verwertung der zur Verfügung stehenden Stoffe durch den Mikroorganismus erfolgt so, daß daraus ein Höchstmaß an biochemischer Energie gewonnen werden kann und demzufolge auch eine maximale Vermehrungsrate der Mikroben gewährleistet ist. Dies mag sich recht einfach anhören, kann aber ganz schön kompliziert werden. Nicht für den Mikroorganismus, aber für den Biotechnologen, der seinerseits auf eine maximale Ausbeutung der Leistungsfähigkeit des Mikroorganismus orientiert ist.

Überträgt man die aktive Oberfläche von 6 µm² pro Bakterium auf moderne biotechnologische Reaktionsbedingungen, so bedeutet dies, daß in einem Liter Reaktorinhalt Mikroben mit einer akti-

Abb. 3   Der Wettlauf zwischen Hefe und Kuh. Hefe und Kuh haben einiges gemeinsam: Sie sind Lebewesen, bestehen somit aus den gleichen Grundbausteinen; Stoffwechsel und Vermehrung basieren auf den gleichen biochemischen Reaktionen. In einem aber unterscheiden sie sich grundlegend: in der Geschwindigkeit, mit der Stoffwechsel und Vermehrung ablaufen können. Der Wettkampf zwischen Hefe und Kuh hat zur grundlegenden Voraussetzung, daß jeder soviel Futter bekommt, wie er fressen kann. Darüber hinaus müssen Wasser und Sauerstoff im Überschuß vorhanden sein. Das Resultat ist beeindruckend. Näheres siehe Text.

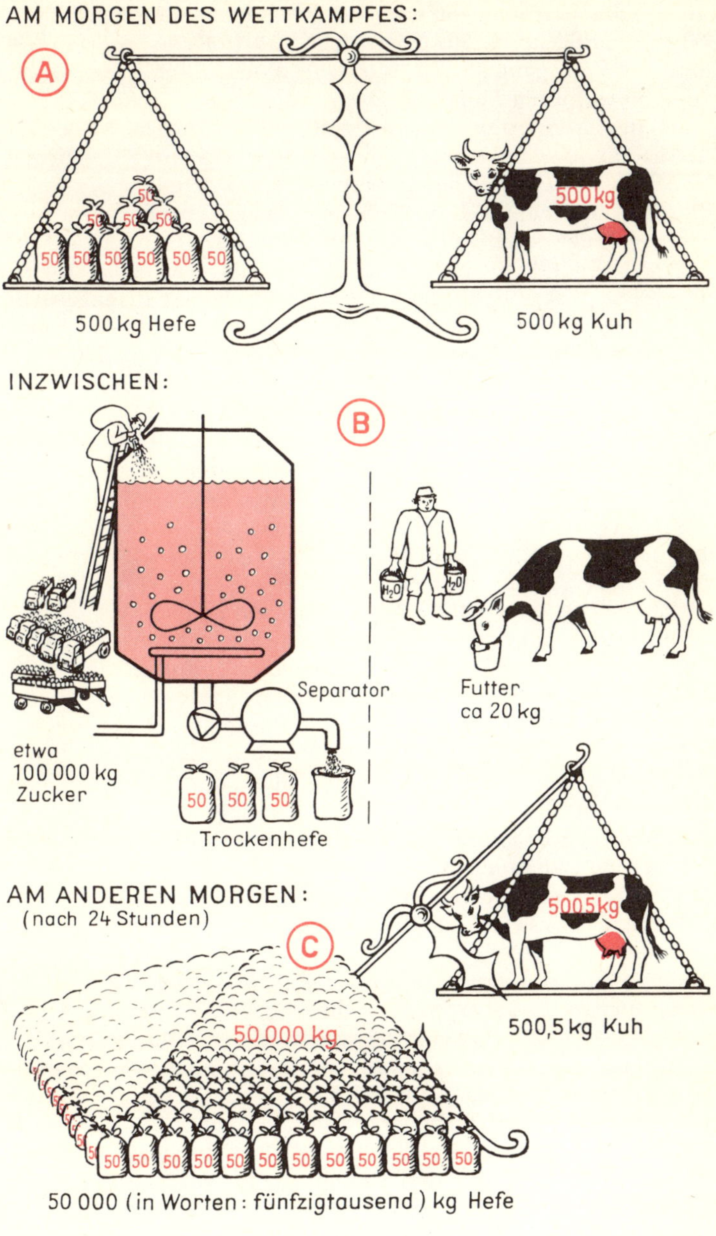
AM MORGEN DES WETTKAMPFES:
A
50
500 kg
500 kg Hefe
500 kg Kuh
INZWISCHEN:
B
H_2O
Separator
Futter
ca 20 kg
etwa
100 000 kg
Zucker
Trockenhefe
AM ANDEREN MORGEN:
(nach 24 Stunden)
C
500,5 kg
500,5 kg Kuh
50 000 kg
50 000 (in Worten: fünfzigtausend) kg Hefe

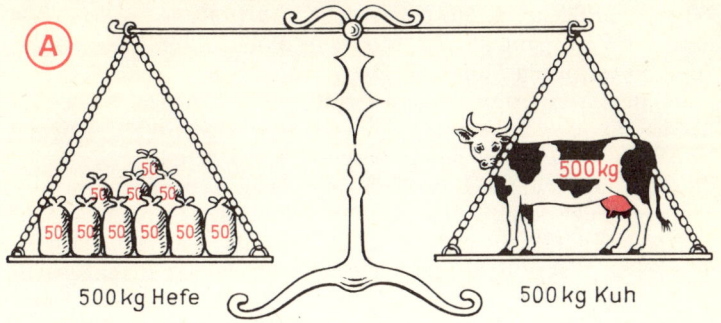

ven Gesamtoberfläche von etwa 300 m² vorhanden sind, also rund 300 m² Oberfläche für Stoffaustausche und Stoffumsetzungen pro Liter zur Verfügung stehen. Moderne Bioreaktoren haben Volumen von mehreren Millionen Litern!

Ein häufig zitierter Vergleich soll die Leistungsfähigkeit von Mikroben nochmals veranschaulichen! Hier wird die Vermehrung der Mikroben (also der Biomassezuwachs pro Zeiteinheit) als Kriterium herangezogen. Eine Kuh mit einem Lebendgewicht von 500 kg erzeugt durch Zunahme von »Biomasse« (sprich: Fleisch) innerhalb eines Tages eine Eiweißmenge von etwa 500 g. Mit einer groben Waage ist dieser Zuwachs beim hohen Eigengewicht der Kuh gar nicht exakt feststellbar, er beträgt ja nur 0,1 % des Körpergewichtes. Selbst wenn wir in Rechnung stellen, daß 500 g Eiweiß in ca. 1 kg Fleisch enthalten sind, würde sich die Biomassezunahme pro Tag auf 1 kg belaufen, 0,2 %. Eine gleichgroße Hefemenge – also 500 kg – vermag in der gleichen Zeit 50 000 kg Eiweiß herzustellen. Dies entspricht dem Einhunderttausendfachen!

Wir können das Beispiel für Bakterien, die im Durchschnitt eine zehnfach höhere Vermehrungsrate als Hefen aufweisen, erweitern: 500 kg einer Bakterienbiomasse würden also in 24 Stunden 500 000 kg, d. h. 500 t Protein, erzeugen können.

Und hierbei handelt es sich nicht um theoretische Berechnungen: Den praktischen Beweis liefern die biotechnologischen Anlagen zur Erzeugung von Hefeeiweiß-Futtermitteln.

Nun ist – besonders in unserer Zeit – eine hohe Geschwindigkeit von Produktionsprozessen wohl Voraussetzung für ihre Konkurrenzfähigkeit, aber eben auch nicht alles. Wir bleiben bei Kuh und Hefe und Bakterium. Um einen Zuwachs bei der Kuh von 500 g Eiweiß hervorzurufen, muß diese eine bestimmte Menge an Nahrung zu sich nehmen. Der Hefe und dem Bakterium geht es ebenso. So wie die Kuh bestimmte im Laufe ihrer stammesgeschichtlichen Entwicklung herausgebildete Nahrungsgewohnheiten (sie ist eben ein typischer Pflanzenfresser und bevorzugt diese und jene Futterpflanzen) hat, haben auch Mikroorganismen ganz bestimmte Nahrungsansprüche. Ohne hier auf Einzelheiten eingehen zu können: Das Nahrungsspektrum von Mikroorganismen ist in der Regel wesentlich breiter als das der Kuh. Wir kommen noch darauf zu sprechen. Ein Beispiel soll das Gesagte verdeutlichen. Das Bakterium *Pseudomonas multivorans* (multi = viel, vorans = fressend) kann mehr als 100 verschiedene organische Verbindungen als Kohlenstoff- und Energiequelle nutzen. Neben den äußerst genügsamen Allesfressern unter den Mikroben gibt es aber auch extreme Spezialisten: Beispielsweise diejenigen Bakterien, die den Stickstoff der Luft als Nährstoff nutzen können.

Bei den Mikroorganismen finden sich die verschiedensten »Stoffwechseltypen«, so viele, daß die Gesamtheit der Mikroben in der Lage ist, alle natürlich vorkommenden organischen Stoffe für ihre Lebenstätigkeit als Nährstoffe zu nutzen. Die Aussage, daß Mikroben fast alles können, wenn sie entsprechende Bedingungen vorfinden, bekommt in diesem Licht ihren Sinn.

Es gibt weitere gute Gründe, Mikroben als Katalysatoren zur Herstellung verschiedenster nützlicher Stoffe zu benutzen. So sind Mikroben genetisch sehr einfach manipulierbar. Diese Manipulierbarkeit ist notwendig, um biotechnologisch sozusagen natürliche Grenzen der Leistungsfähigkeit überschreiten zu können. Für die Ökonomie biotechnischer Prozesse ist dies von größter Bedeutung: Auch bei Mikroorganismen geht es ökonomisch zu. Dies betrifft sowohl die Vermehrung als auch die Bildung von Stoffwechselprodukten. Von diesen werden (in der Regel) nur soviel gebildet, wie es die Situation des Mikroorganismus – in erster Linie das Nährstoffangebot – erlaubt. Für biotechnologische Verfahren werden aber Mikrobenstämme benötigt, die ein Vielfaches des gewünschten Produktes bilden. Daß dies möglich ist, zeigen beispielsweise die durch Selektion (Auswahl) und genetische Bearbeitung (Mutation) erhaltenen Hochleistungsstämme von Penicillium, jenem berühmten Schimmelpilz, der das wertvolle Penicillin produziert. Die heute im Produktionsprozeß verwendeten »Hochleistungsstämme« bilden etwa zehntausendmal (!) mehr Antibiotikum als ihre in den vierziger Jahren aus der Natur isolierten »wilden« Vorfahren.

Auch hier kann der Vergleich mit der Kuh wieder zur Verständigung dienen. Ebenso wie das Hochleistungsrind dem Ur nur in seinen »Grundeigenschaften« gleicht, sind die Leistungen mikrobieller Hochleistungsstämme in allen Bereichen der Biotechnologie nicht mehr mit denen der Ausgangsorganismen vergleichbar. Und: Was beim Rind einige tausend Jahre gedauert hat, ist beim Mikroorganismus in wenigen Monaten möglich. Eben deshalb, weil im Kleinen alles schneller geht.

Aufgrund der relativ einfachen Strukturen, in denen die genetischen Informationen verpackt sind, ist es heute kein Problem mehr, mit dem Instrumentarium der Gentechnik durch Genübertragung Mikroben zu völlig neuen Eigenschaften und Fähigkeiten zu verhelfen. So ist es Mitte der siebziger Jahre gelungen, eine sogenannte Supermikrobe durch gentechnische Manipulationen herzustellen: Die genetischen Informationen für die Verwertung der wichtigsten Komponenten des Erdöls wurden aus vier verschiedenen Bakterien herausgeschnitten und in einer einzigen Bakterienart vereinigt. Damit war dann dieses Bakterium in der Lage, Kohlenwasserstoffe aus dem Erdöl mit hoher Geschwindigkeit zu verwerten. Solche »man made«-Mikroben können beispielsweise bei Tankerhavarien, bei denen Erdöl ins Meer gelangt, eingesetzt werden. Indem sie das Erdöl fressen und in Bakterienbiomasse umwandeln, die wiederum anderen Kleinlebewesen des Meeres als Nahrung dient, können sie ökologische Katastrophen verhindern helfen. Sogenannte »Havariestämme«, die nur kurzzeitig in die betroffene Natur zu »Reinigungszwecken« ausgebracht werden, erlangen im Bereich des biotechnologischen Umweltschutzes zunehmend Bedeutung.

Die einfache genetische Manipulierbarkeit macht besonders Bakterien für die Übertragung und Kombination gewünschter Leistungen attraktiv. So auch, wenn es darum geht, genetische Informationen für die Bildung von wertvollen Verbindungen aus technologisch schwer handhabbaren Organismen in die robusten Bakterienzellen zu übertragen. Insulin und Interferone seien hier als Beispiele genannt. Eine Reihe hochwirksamer Therapeutika wird von Säugerzellen hergestellt. Säugetierzellen erfordern aber in ihrer Kultivierung, besonders wenn es sich um Züchtung in großem Maßstab handelt, in jeder Hinsicht Bedingungen, die in großtechnischen Anlagen nur mit größtem Aufwand realisierbar sind. Dies liegt daran, daß Säugetierzellen normalerweise Teile eines Gewebeverbandes sind. Werden sie als Einzelzellen in sogenannten Ein-Zell-Schichten gehalten, muß die Technik die Schutz- und Versorgungsfunktion des Gewebes übernehmen: komplizierte Nährmedien und hohe mechanische Empfindlichkeit sind entscheidende Nachteile. Hinzu kommen geringe Vermehrungsraten (eine isolierte Säugerzelle teilt sich innerhalb eines Tages einmal) der tierischen Zellen. Insgesamt ist die großtechnische Ausführung von Produktionsprozessen mit isolierten Säugerzellen eine sehr schwierige und teure Angelegenheit.

Wie anspruchslos hingegen sind doch Bakterien: fast alles können sie fressen, eine robuste Zellwand schützt vor den erheblichen Scherkräften, wenn im Reaktor kräftig gerührt und belüftet werden muß, und wenn es – was ja auch eintreten kann – einmal zu Störungen kommt, erholen sie sich recht schnell von einem ungewollten pH- oder Temperatur-Schock. Auch die Luft darf kurzzeitig einmal knapp werden. Mit anderen Worten, dort, wo die Verwendung von Zellen höherer Organismen im Produktionsmaßstab noch nicht technikreif ist, ist die Übertragung der Gene für die gewünschte Leistung in die technologisch sehr gut handhabbaren Bakterien eine Alternative.

Seit 1982 kann Insulin, jenes menschliche Hormon, dessen Fehlen beim Menschen zum Diabetes mellitus, der »Zuckerkrankheit«, führt, biotechnologisch mit Hilfe des Bakteriums *Escherichia coli* hergestellt werden.

Nun sind die genannten Eigenschaften von Mikroorganismen – hohe Stoffwechselaktivität, Vielfalt und Spezifität, einfache genetische Handhabbarkeit und nicht zuletzt leichte Kultivierbarkeit und technologische Robustheit – zwar wichtige Voraussetzung dafür, daß Mikroben so vielfältige Aufgaben in der Biotechnologie übernehmen können, für den Bereich der Umweltbiotechnologie spielen aber noch einige weitere Fähigkeiten eine große Rolle.

Umweltrelevante Leistungen gefragt

Die Frage nach dem möglichen Beitrag der Biotechnologie zum Umweltschutz und zur Gestaltung der Umwelt durch den Menschen ist eine Frage nach den »umweltrelevanten« Fähigkeiten und Leistungen der Mikroorganismen. Nachdem wir uns mit den wichtigsten biotechnologisch wertvollen Eigenschaften von Mikroben vertraut gemacht haben, wollen wir die Eigenschaften von Mikroben kennenlernen, die im Umweltschutz von Bedeutung sind.

Erinnern wir uns: Alles auf dieser Welt verläuft in Kreisläufen, Stoffkreisläufen, die sowohl natürliche Prozesse wie z. B. die Photosynthese und die Mineralisierung pflanzlicher oder tierischer organischer Substanz in Wasser und Boden als auch industrielle Prozesse beinhalten. Innerhalb dieser Kreisläufe haben Mikroben eine bevorzugte Stellung: Sie sind vor allem als Abbauer, Destruenten (von lat. destruire, zerstören, niederreißen), organischer Substanz tätig, sorgen dafür, daß keine auf natürlichem Wege (beispielsweise durch Photosynthese und Pflanzenwachstum) gebildete Substanz liegen bleiben kann und verhindern damit Anhäufungen und Bilanzprobleme innerhalb der Kreisläufe. Diese Funktion verdanken sie der Fähigkeit, alle auf natürlichem Wege gebildeten Substanzen verwerten zu können. Das »Prinzip der mikrobiellen Unfehlbarkeit« bezieht sich natürlich nicht auf eine einzelne Mikrobenart. Diese ist in der Regel in der Lage, nur wenige Verbindungen zu mineralisieren, d. h., in Kohlendioxid und Wasser zerlegen zu können. Dieses Prinzip gilt für die Mikroorganismen in ihrer Gesamtheit. Da Mikroben andererseits unter »lebenswerten« Bedingungen allgegenwärtig sind, gibt es in aller Regel keine Kreislaufprobleme dort, wo die Natur sich selbst überlassen ist. In unserer Welt ist jedoch in den meisten Gebieten unberührte Natur gar nicht mehr vorhanden. Allgegenwärtig ist der Mensch mit seinen »eigenen« Stoffkreisläufen. Diese müssen in die großen natürlichen Kreisläufe eingepaßt sein, dann gibt es keine Kreislauf- oder Umweltprobleme.

Daß dies immer schwieriger wird, versteht sich von selbst: 100 bis 200 Millionen Tonnen organischer Chemikalien, die jährlich von der Chemieindustrie der Welt hergestellt werden und die normalerweise nicht in der Natur vorkommen, sind für den Kreislauf der Stoffe eine große Belastung und für die Mikroorganismen eine harte Nuß. Menge und Verschiedenheit dieser unnatürlichen organischen Stoffe in unserer Umwelt nehmen natürlich gleichfalls immer mehr zu.

Aber auch der konzentrierte Anfall von natürlichen Abfällen menschlichen Lebens in Großstädten bringt den Kreislauf örtlich an seine Grenzen; nämlich dann, wenn die Geschwindigkeit, mit der Abfall »produziert« wird, höher ist als die, mit der er mikrobiell umgewandelt werden kann. Anhäufungen sind in beiden Fällen die Folge. Diesen Akkumulationen kann man mikrobiologisch-biotechnisch mit hocheffizienten Verfahren begegnen: entweder um zu verhindern, daß schwer Abbaubares in den natürlichen Kreislauf gelangt, oder um den Abbau leicht verdaulichen natürlichen Abfalls zu beschleunigen.

Der Abbau von natürlichem organischen Material vollzieht sich mikrobiologisch folgendermaßen: Zunächst werden die Makromoleküle wie Kohlenhydrate, Eiweiße und Fette in ihre niedermolekularen Bestandteile mit Hilfe von Exoenzymen zerlegt. Exoenzyme sind mikrobielle Enzyme, die von der Mikrobenzelle ausgeschieden werden, um die Nahrung für den Mikroorganismus so zu zerkleinern, daß diese Nährstoffe in die Zelle aufgenommen werden können. Weil alle Nährstoffe die Zellbegrenzung – eine Membran – passieren müssen, dürfen sie eine bestimmte Größe nicht überschreiten. Also müssen Kohlenhydrate in Mono- und Disaccharide, Eiweiße in Aminosäuren und Fette in Fettsäuren bzw. Glyceride zerlegt werden. Im Vergleich zur intrazellulären Verwertung der Spaltprodukte, ist die Polymerenspaltung ein langsamer Prozeß und stellt im Abbaugeschehen der Naturstoffe den Geschwindigkeit bestimmenden Schritt dar. Einfachzucker, Aminosäuren, Fettsäuren u. a. organische Monomere werden dann von den Mikroben als Kohlenstoff-, Stickstoff-, Phosphor- und Energiequelle genutzt. Dabei vermehren sich die Mikroorganismen, es entsteht mikrobielle Biomasse, Kohlendioxid und Wasser. Aus Kohlendioxid und Wasser können die grünen Pflanzen mit Hilfe der Photosynthese, die Sonnenlicht als Energiequelle nutzen kann, wieder verschiedene Zucker synthetisieren, die dann ihrerseits Ausgangsmaterialien für die Biopolymeren darstellen. Dabei werden diese Zucker im Stoffwechsel von Pflanze und Tier in Aminosäuren, Nukleotide bzw. Fettsäuren umgewandelt. Der Kreislauf wäre somit wieder geschlossen.

Aber nicht nur organische Stoffe dienen den Mikroben als Nahrung. Sie attackieren auch anorganisches Material wie Eisen und Beton. Beschäftigt man sich näher mit den ernährungsphysiologischen Möglichkeiten von Mikroorganismen, kann man sehr leicht zu dem Schluß kommen, daß unsere Welt zerstörbarer ist, als wir oft meinen. Dies mag etwas philosophisch klingen, bezieht sich aber auch und gerade auf die tausend Dinge des Alltags, die uns umgeben. Wir wollen uns kurz damit befassen.

Textilfasern auf Cellulosebasis werden sehr gern – besonders, wenn es feucht und warm ist – von mikroskopischen Pilzen befallen. Diese bilden extrazelluläre Enzyme, sogenannte Cellulasen, welche die Zellulosestruktur der textilen Fasern zerstören. Der Pilz *Trichoderma reesei* bildet besonders viel von diesen Cellulasen und ist daher als Textilienzerstörer gefürchtet. Äußerliches Zeichen beginnender mikrobieller Cellulasetätigkeit sind die sogenannten »Stockflecke«. Die Zerstörung von Holz durch Mikroben, ganz besonders durch Pilze, ist seit alters ein Problem im Bauwesen. Das Leder unserer Schuhe wird von verschiedenen Pilzarten wie *Fusarium oxysporum* und *Verticillium lateritium* gern als Nahrungsquelle verwendet.

Über die Verderblichkeit von Lebensmitteln brauchen wir an dieser Stelle nicht ausführlicher zu sprechen. Eine ganze Industrie ist zur Haltbarmachung von Speis und Trank aufgeboten, wobei das Spektrum der Konservierungen vom Einkochverfahren bis zur Vakuumverpackung reicht. Dies alles nur, um zu verhindern, daß beim Verzehr der Speisen die Mikroorganismen uns nicht zuvorkommen. Oft genug haben wir auch hier das Nachsehen.

Der Pilz *Cladosporium resinae* ist durch seine Fähigkeit, Flugzeug-Turbinenkraftstoff (Kerosin) fressen zu können, bekannt. In der Vergangenheit kam es mitunter zu Verstopfungen der Benzinleitungen, wenn *Cladosporium resinae* das Kerosin (ein Kohlen-

Abb. 4 Mikrobieller Abbau natürlichen organischen Materials: Durch extrazelluläre Enzyme werden die Biopolymere in ihre monomeren Bestandteile »zerlegt«. Diese werden dann von Mikroorganismus aufgenommen und zur Energiegewinnung und Synthese zelleigener Biopolymere (Biomasse) genutzt. Endprodukte dieser Dissimilations- und Assimilationsprozesse sind Biomasse, Kohlendioxid, Wasser, Aminosäuren, Nitrat, Sulfat und Phosphat.

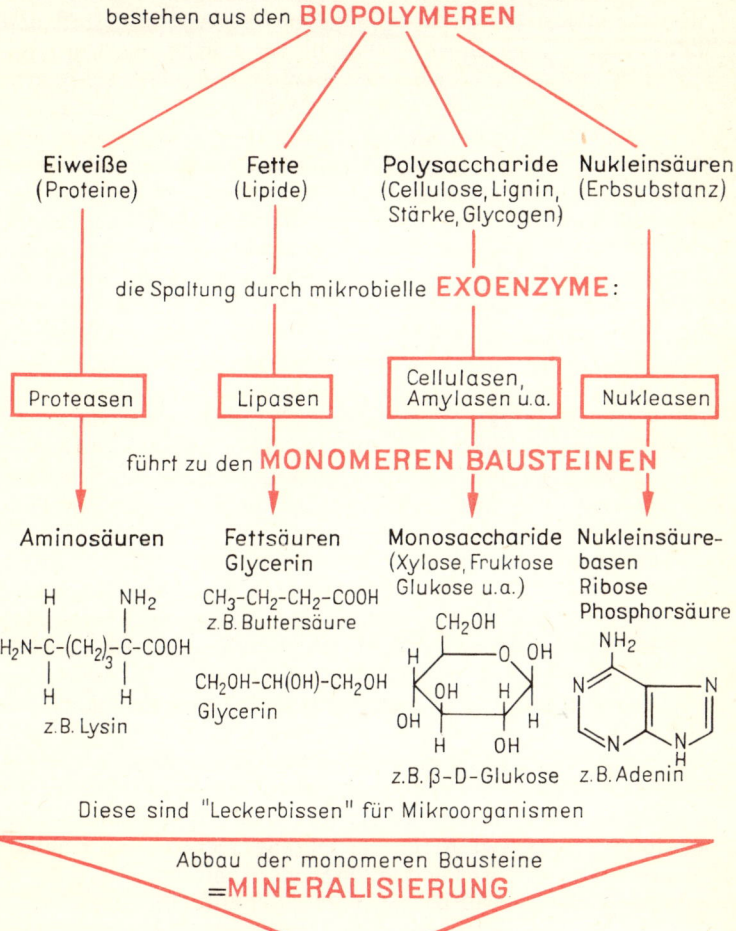

MIKROBEN, GRÜNE PFLANZEN, TIERE
sowie Produkte und Ausscheidungen
= pflanzliche und tierische **BIOMASSEN**

bestehen aus den **BIOPOLYMEREN**

| Eiweiße (Proteine) | Fette (Lipide) | Polysaccharide (Cellulose, Lignin, Stärke, Glycogen) | Nukleinsäuren (Erbsubstanz) |

die Spaltung durch mikrobielle **EXOENZYME**:

| Proteasen | Lipasen | Cellulasen, Amylasen u.a. | Nukleasen |

führt zu den **MONOMEREN BAUSTEINEN**

Aminosäuren

$$H_2N-\overset{\overset{\displaystyle H}{|}}{C}-(CH_2)_3-\overset{\overset{\displaystyle NH_2}{|}}{C}-COOH$$
$$||$$
$$HH$$
z.B. Lysin

Fettsäuren
Glycerin
$CH_3-CH_2-CH_2-COOH$
z.B. Buttersäure

$CH_2OH-CH(OH)-CH_2OH$
Glycerin

Monosaccharide
(Xylose, Fruktose
Glukose u.a.)

z.B. β-D-Glukose

Nukleinsäure-
basen
Ribose
Phosphorsäure

z.B. Adenin

Diese sind "Leckerbissen" für Mikroorganismen

Abbau der monomeren Bausteine
=**MINERALISIERUNG**

Kohlendioxid (CO_2), Ammonium (NH_4^+), Nitrat (NO_3^-)
Phosphat (PO_4^{3-}), Wasser (H_2O)

wasserstoffgemisch) gefressen hat und sich dabei so reichlich vermehrte, daß er als Pfropfen in der Leitung die Kraftstoffversorgung der Motoren unterbrach.

Aber Mikroben wagen sich auch an recht gefährliche Nährstoffe heran: So ist das Bakterium *Pseudomonas aeruginosa* ein richtiger »Abrüstungsspezialist«, wenn es darum geht, Sprengstoffe wie Trinitrotoluol abzubauen.

Daß Mikroben in ihrer Freßwut und ihren großen Verdauungsmöglichkeiten schier vor nichts halt machen, davon wissen die Restauratoren großer Gemäldegalerien ein Lied zu singen. Auch vor den alten Meistern kennen Mikroben keine respektvolle Zurückhaltung, wenn es darum geht, Ölfarben (besonders das Öl, weniger die Farbpigmente) als Kohlenstoff- und Energiequelle zu nutzen. Bei der Restaurierung von mikrobiell »anfälligen« Bildern werden Antibiotika als Waffen gegen Mikroben eingesetzt.

Schon manche Brücke mag nicht zuletzt deshalb eingestürzt sein, weil Mikroorganismen – hier vor allem solche, die Schwefelsäure oder Salpetersäure zu bilden vermögen – an den Beton- oder Sandsteinpfeilern »genagt« haben. Aber auch Denkmale und historische Bauten sind nicht sicher vor ihnen.

Daß mikroskopische Pilze wie *Aspergillus, Penicillium* oder *Scopulariopsis* sogar auf und in Gläsern wachsen können, hat besonders in tropischen Regionen schon zur Trübung mancher optischen Linse geführt. Aber auch schöne alte Kirchenfenster sind manchmal von dieser Krankheit befallen.

Die Aufzählung der »Schreckenstaten« von Mikroben wollen wir mit dem Hinweis beenden, daß auch Metalle nicht sicher vor ihnen sind. Das liegt daran, daß sehr viele Mikroorganismen bei der Verwertung organischer Substanzen organische Säuren bilden. Diese können dann an Metalloberflächen Korrosionen auslösen. Der kerosinfressende Pilz *Cladosporium resinae* verstopft nicht nur durch seine Vermehrung die Treibstoffleitungen, er zersetzt auch die Aluminiumtanks durch organische Säuren, die er aus dem Kerosin bildet. Das Schwefelsäurebakterium *Thiobacillus* bildet in seinem Stoffwechsel aus Schwefelwasserstoff oder Sulfiden Schwefelsäure und ist somit in Pipelines, Kühltürmen und Abwasserbauten ebenso wie das Salpetersäurebakterium gefürchtet.

Das ›Prinzip der mikrobiellen Unfehlbarkeit‹ hat eben diese zwei Seiten: Zum einen ist ein großes Forschungspotential und eine riesige Industrie aufgeboten, um mikrobiologische Zersetzungstätigkeit (die im natürlichen System unbedingt notwendig ist) in Grenzen zu halten, andererseits sind es genau diese »zersetzerischen« oder »zerstörerischen« Fähigkeiten der Mikroben, die verhindern, daß wir im eigenen Müll ersticken. Sie sind die Voraussetzungen für Umweltschutz durch gezielte und beschleunigte Abproduktbeseitigung. Hier liegt die Ursache dafür, daß der Mensch Kunststoffe, die eben mikrobiologisch nicht oder nur schwer angreifbar und daher haltbar und praktisch sind, entwikkelt und dann Probleme mit deren Beseitigung bekommt, wenn sie ausgedient haben.

Solange es um die Beseitigung natürlicher Abfallstoffe geht, gibt es von seiten der Mikroben also keine Schwierigkeiten. Aufgabe des Biotechnologen ist es, für entsprechende Technologien, die den Mikroben gute Lebens- und Schaffensbedingungen bieten, zu sorgen. Verfahren der kommunalen Abwasserreinigung sind hier sozusagen Prinziplösungen. Wenn feste Abfallstoffe mikrobiologisch bearbeitet werden sollen, steht mit der Kompostierung eine leistungsfähige Methode zur Verfügung. Ob flüssig oder fest, in jedem Falle ist die Anzahl der am Abbau beteiligten Mikroorganismen mehr oder weniger groß. So groß nämlich, daß mit dem Prinzip der mikrobiologischen Unfehlbarkeit Akkumulationen im Kreislauf der Stoffe verhindert werden.

Schwieriger hingegen wird es mit der großen Gruppe der Fremdstoffe. Diese müssen abgebaut werden, bevor sie in den natürlichen Stoffkreislauf gelangen. Dies erfordert separate Entsorgungseinrichtungen. Und was ebenso wichtig ist: hier gilt das Prinzip der mikrobiologischen Unfehlbarkeit nicht mehr, hier kommen Mikroben an ihre Grenzen.

Für den mikrobiellen Fremdstoffabbau läßt sich folgende Regel aufstellen: Je größer die strukturelle Ähnlichkeit einer künstlich hergestellten Verbindung mit einem Naturstoff ist, desto leichter ist sie abbaubar.

Ehe wir uns den mikrobiellen Fähigkeiten in puncto Fremdstoffabbau zuwenden, wollen wir uns vergegenwärtigen, in welchem Maße Fremdstoffe in unsere Umwelt gelangen. Bei der jährlichen Weltproduktion von 100 bis 200 Mill. t handelt es sich um etwa 50 000 verschiedene Substanzen! Zu bedenken ist auch, daß gegenwärtig pro Jahr etwa 500 neue Substanzen dazukommen. Wichtig ist weiterhin die Tatsache, daß bei der Herstellung dieser 100 bis 200 Mill. t Fremdstoffe etwa ebensoviel Neben- und Abprodukte entstehen.

Der Begriff »Fremdstoffe« oder »Xenobiotika« (aus dem Griech., xenos, fremd, bios, Leben: dem Leben fremde Stoffe) muß noch kurz erläutert werden: Hier handelt es sich um solche chemischen Verbindungen, die in der Natur nicht vorkommen. Sie entstehen auf nicht-biologische, chemische Weise und sind daher den Organismen, also auch den Mikroben, »fremd«. Dieses »Fremdsein« aufgrund nicht-biologischer Strukturen und Eigenschaften führt zu einem erschwerten mikrobiologischen Abbau und damit zu Integrationsproblemen in die natürlichen Stoffkreisläufe. Einige Xenobiotika widerstehen einem biologischen Abbau gänzlich: sie reichern sich in unserer Umwelt an. Oft sind es Substanzen mit einer hohen Persistenz. (Darunter verstehen wir die Zeitspanne, während der die betreffende Substanz unverändert in der Umwelt nachweisbar ist.) Das ist eine gefürchtete Eigenschaft vieler Xenobiotika, da Anreicherungen und Konzentrierungen in der Nahrungskette die Folge sind. Die fatalen Nachwirkungen der Anreicherung des Insektizides DDT sind vor einigen Jahren sichtbar geworden. Das äußerst wirksame Dichlor-Diphenyl-Trichlorethan (DDT), das hohe und stabile Ernteerträge garantierte, mußte aus dem Verkehr gezogen werden.

Eine nicht weniger wichtige Eigenschaft von Xenobiotika ist, daß wir nicht mehr auf sie verzichten können. Sicher ist es eine Frage der Vernunft, wie lange progressive Produktionsraten (und Verbrauchsmengen) sinnvoll sein werden – abschaffen können und wollen wir sie nicht.

Wir denken bei Fremdstoffen oft an »Kunststoffe« in unserer Umgebung, vergessen aber mitunter den großen Bereich der Anwendung im Pflanzenschutz und damit auch im Kampf gegen den Hunger. Wie widersprüchlich und widersinnig gerade im Bereich der Landwirtschaft manche Entwicklungen sind, können wir im satten Europa nur erahnen, zu spüren bekommen sie andere. Daß dies nicht so bleiben muß, auch dafür kann Biotechnologie einen Beitrag leisten.

Wie wir wissen, sind Xenobiotika um so schwerer abbaubar, je »fremder« sie den Mikroben sind, d. h., je »unbiologischer« ihre Struktur ist. Im Bereich der Wirkstoffe (zu denen auch das DDT zählt) bahnen sich alternative Entwicklungen an: die Verwendung von Wirkstoffen, die von Mikroben gebildet werden und demzufolge auch von Mikroben abgebaut werden, an Stelle »nur« chemisch synthetisierter Verbindungen. Für viele bisher »rein chemische« Wirkstoffe ist der Weg zu »halbsynthetischen« oder »rein biologischen« Verbindungen denkbar. Hier handelt es sich aus der Sicht des Umweltschutzes um Präventivmaßnahmen, die verhindern, daß schwer oder nicht Abbaubares oder anderweitig Problematisches in die Umwelt gelangt.

Doch zurück zu den gebräuchlichen Fremdstoffen und dem, was wir über ihren mikrobiellen Abbau wissen! Alle Möglichkeiten der Mikroben, mit Fremdstoffen fertig zu werden, führen zu einer gesäuberten Umwelt der Mikroorganismen. Indem sie sich selbst helfen, nützen sie dem Menschen. Dies wiederum können sie nur innerhalb bestimmter Grenzen, denn auch für Mikroben kann ein Zuviel an toxischen Fremdstoffen Gift sein. Letztendlich ist auch hier alles eine Konzentrationsfrage! Viele Fremdstoffe sind giftig! Das bedeutet, daß sie bereits in geringen Konzentrationen hemmend oder abtötend auf Lebewesen wirken. Die toxische Grenzkonzentration ist sowohl von der Struktur des betreffenden Fremdstoffes als auch von seiner Verwertbarkeit durch Mikroorganismen abhängig. Das heißt, daß Stoffe, die leicht abbaubar sind, schnell unter eine kritische Konzentration gelangen können. Aufgrund der guten Abbaubarkeit mögen sie auch weniger gefährlich sein. Allerdings gibt es auch hier Probleme: Um mit Fremdstoffen fertig werden zu können, müssen die Mikroben bestimmte Enzyme (z. B. spezifische und unspezifische Oxygenasen) zusätzlich bilden. Das Startsignal für diese Bildung ist aber der Fremdstoff selbst. Dies wiederum bedeutet, daß er in einer bestimmten (wenn auch sehr geringen) Konzentration in der Umwelt des Mikroorganismus vorhanden sein muß. Man spricht von der sogenannten notwendigen Induktorkonzentration (Induktion = Start einer Enzymbildung). Nun kann es vorkommen (und dies häufiger, als es für uns wahrnehmbar ist), daß die toxische Konzentration im Bereich der notwendigen Induktorkonzentration liegt, d. h., die Toxizität des Fremdstoffes zur Abtötung des Mikroorganismus führt, bevor dieser seine Enzymwaffen hergestellt hat. Dann werden Milliarden von Zellen abgetötet. Gleichzeitig befinden sich aber unter diesen unendlich vielen Zellen einige wenige, bei denen die Induktionsschwelle niedriger liegt als bei den meisten anderen. Diese haben dann eine Überlebenschance, indem sie die für die Fremdstoffentgiftung notwendigen Enzyme bereits dann bilden, wenn nur wenige Moleküle des Giftes in ihrer Nähe sind. Indem diese Zellen sich vermehren und somit überleben (wie schnell sie dies können, haben wir gesehen), schaffen sie sich (und uns) eine an Schadstoffen ärmere Umwelt. Damit haben wir ein wichtiges Prinzip der natürlichen Auseinandersetzung von Organismus und Umwelt kennengelernt: Anpassung an entsprechende Bedingungen bei gleichzeitiger Veränderung der Umwelt.

Ebenso, wie dieser Vorgang sich in jeder winzigen Bodenkrume oder in jedem Abwassertropfen vollzieht, können wir ihn auch im Labor unter ganz definierten Bedingungen ablaufen lassen. Wir nennen dieses Geschehen Selektion, Auslese. Durch eine solche Auslese gelingt es dem Mikrobiologen, unter Milliarden und Abermilliarden von Bakterienzellen solche herauszufinden, die einen bestimmten Fremdstoff abbauen können. Die Frage, wie aus der Vielzahl von Bakterienzellen die wenigen gesuchten herauszupicken sind, ist schnell beantwortet: Die gesuchten resistenten Zellen können in Anwesenheit des betreffenden toxischen Fremdstoffes leben. Und dies bei so hohen Konzentrationen, bei denen die weniger resistenten Zellen bereits abgetötet werden. Auf Selektionsagarplatten (einem sehr wichtigen Instrument des industriellen Mikrobiologen), die den Fremdstoff enthalten, sind sie als Bakterienkolonien erkennbar. Von dort können sie dann isoliert und weiter vermehrt werden. Ob man mit dieser Methode Mikroben aus der Natur isoliert, oder aber bereits im Labor »domestizierte« Stämme nach genetischer Veränderung auslesen will, stets haben wir es mit einem Grundprinzip biotechnologischer Forschung zu tun: Mikroorganismen erkennt man an ihren Leistungen. Der Biologe braucht also nur ein System, mit dem er die gewünschten Leistungen sichtbar machen kann, nachdem er den Zellen, die über die gewünschte Eigenschaft verfügen, einen Vorteil bei ihrer Vermehrung verschafft hat.

Betrachten wir das Geschehen einmal von seiten der Mikroorganismen: Durch sein Wirken schafft sich der Mikroorganismus, der dazu fähig ist, giftige Stoffe vom Halse. Wie wir wissen, ist nicht jede Mikrobenart dazu in der Lage. Dies bedeutet, daß Mikroorganismen, die im gleichen Ökosystem mit hohem Gehalt an giftiger Fremdsubstanz leben, stets auf die Leistung der anderen, der dazu Befähigten, angewiesen sind. Es gibt aber auch den Fall, daß sich Mikroben in das oft schwierige Geschäft des Fremdstoffabbaus hineinteilen, vielleicht nach dem Motto: »Ein jeder tue, was er kann!« Der Mikrobiologe nennt das Geschehen »syntrophe Assoziationen«. Das Zusammenwirken der einzelnen Mikroorganismen wird durch ihre biochemischen Fähigkeiten aufs sinnfälligste geregelt. »Viele Köche verderben den Brei« ist eine Erfahrung, die nur dann eintritt, wenn es an straffer Organisation fehlt und jeder alles zu machen versucht. Dieser Fall ist im menschlichen Mit- und Durcheinander ja häufig, kommt aber in der Natur nicht vor, besser: kann in der Natur nicht vorkommen. Dies vor allem deshalb, weil die Regulative mikrobiellen Zusammenlebens rein stofflicher Natur und daher sehr einfach sind. Doch wir wollen uns nichts vormachen: Obschon das Prinzip mikrobiellen Miteinanders einfach und überschaubar ist, im konkreten Falle sind wir doch oft noch weit von einem umfassenden biochemisch-ökologischen Wissen entfernt! Die vermeintliche Einfachheit der Beziehungen der Mikroben untereinander ist also relativ.

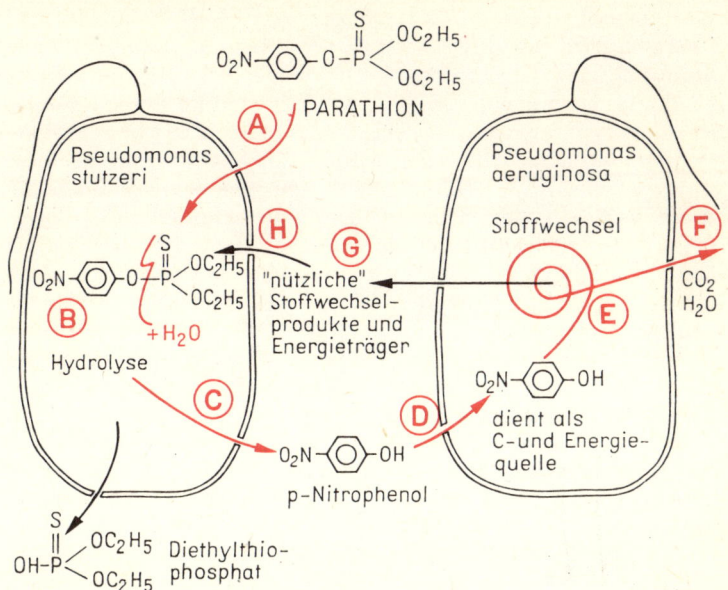

Abb. 5 Das Insektizid Parathion (Thiophosphorsäure-o, o-diethyl-o, p-nitrophenylester) wird, wenn es in den Boden gelangt, in enger Freßgemeinschaft (= synthrophe Assoziation) von *Pseudomonas stutzeri* und *Pseudomonas aeruginosa* teilweise abgebaut. Zunächst wird Parathion von den *Pseudomonas stutzeri*-Zellen aufgenommen (A) und enzymatisch hydrolisiert (B). Die dabei entstehenden Hydrolyseprodukte p-Nitrophenol und Diethylthiophosphat werden aus den Zellen ausgeschieden (C). Während Diethylthiophosphat mikrobiologisch nicht weiter genutzt werden kann, wird p-Nitrophenol von *Pseudomonas aeruginosa* aufgenommen (D) und als C- und Energiequelle verstoffwechselt (E). Dabei entstehen CO_2 und H_2O (F), sowie weitere Stoffwechselprodukte (z. B. organische Säuren) (C), die wiederum von *Pseudomonas stutzeri* aufgenommen und verwertet werden (H).

An einem Beispiel wollen wir das Zusammenwirken von Mikroben beim Abbau eines Fremdstoffes genauer betrachten (Abb. 5). Das Insektizid Parathion ist eine Verbindung, die von einer Mikrobenart allein nicht abgebaut werden kann. Schuld daran ist seine komplizierte chemische Struktur. Das Bakterium *Pseudomonas stutzeri* ist in der Lage, Parathion durch Hydrolyse in p-Nitrophenol und in Diethylthiophosphat zu spalten. Während letzteres weitgehend stabil und von Mikroben nicht abbaubar ist, wird p-

Nitrophenol durch *Pseudomonas aeruginosa* als Kohlenstoff- und Energiequelle verstoffwechselt. Einen Teil der dabei gebildeten Stoffwechselzwischenprodukte scheidet das Bakterium aus. Diese wiederum können von *Pseudomonas stutzeri* genutzt werden. *Pseudomonas stutzeri* gewinnt aus dem Abbau dieser Zwischenprodukte Energie, mit deren Hilfe die hydrolytische Spaltung durchgeführt werden kann. In der Natur gibt es sehr viele solcher biochemischer Wechselbeziehungen, aus denen die beteiligten Mikroorganismen als Reaktionspartner ihren ganz speziellen Nutzen ziehen können. Dadurch entsteht auch ein hohes Maß an Abhängigkeit der Beteiligten untereinander. Dieses erreicht dann in der Lebensgemeinschaft »Symbiose« seinen Höhepunkt.

Im Zusammenwirken verschiedener Mikroorganismen an der Umwandlung einer mehr oder weniger komplizierten Verbindung haben wir das wichtigste Prinzip, die wichtigste Voraussetzung dafür, daß Mikroben ihrer Rolle als Destruenten im großen Kreislauf der Stoffe gerecht werden können und nichts »übrigbleibt«, kennengelernt: die mikrobielle Mischkultur. Die Mikrobenmischkultur spielt bei allen großen Umwelt-Biotechnologie-Verfahren eine Rolle: Abwasserreinigung, Kompostierung, Abluftreinigung, Verwertung landwirtschaftlicher Abprodukte basieren auf dem Zusammenwirken verschiedener Mikroben. Aus den großen Möglichkeiten, die der Einsatz von Mischkulturen für Umweltschutzbelange bietet, ergeben sich besonders auch für den Gentechniker interessante Perspektiven: die Vereinigung verschiedener mikrobieller Abbauleistungen in einer einzigen Mikroorganismenart. Technologisch ergeben sich wichtige Fortschritte: Reinkulturen sind ungleich einfacher zu handhaben als Mischkulturen, in denen jede Organismenart andersartige spezifische Lebensansprü-

Abb. 6 Durch genetische Methoden lassen sich erwünschte Eigenschaften wie die Fähigkeit zum Fremdstoffabbau von einem Mikroorganismus auf den anderen übertragen. Das so manipulierte Bakterium (im Beispiel *Alcaligenes* spec. Stamm A7–2) ist dann zur Verwertung zusätzlicher Fremdstoffe (hier 3-Chlorbenzoat und 3-Chlorkatechol) befähigt. Wichtige Voraussetzung ist das Merkmal b (Toleranz gegenüber 3-Chlorphenol), welches das Spenderbakterium *Pseudomonas* spec. Stamm B 13 nicht besitzt. Im Gegensatz zur syntrophen Assoziation (Abb. 5) führt die Merkmalsübertragung zu einer Konzentrierung von Abbaufähigkeiten in einem Mikroorganismus. Dies bringt viele Vorteile in der biotechnologischen Handhabung und bildet die Voraussetzung für die „molekulare Züchtung" von Havariestämmen (nach Ergebnissen von Schwein und Schmidt (1982)).

Fremdstoffabbau und genetische Methoden der Merkmalsübertragung

Bakterium (A)
(Alcaligenes sp. Stamm A7)

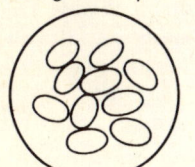

OH

Phenol

Bakterium (B)
(Pseudomonas sp. Stamm B13)

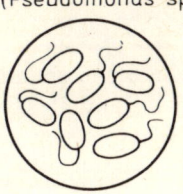

COOH

Cl

3-Cl-Benzoat

die Merkmale a (Abbau von Phenol und Benzoat) und b (Toleranz gegenüber 3-Chlorphenol) sind codiert im Genom 1 als Gene a' und b'

das Merkmal c (Abbau von 3-Chlorbenzoat) ist codiert im Genom 2 als Gen c'

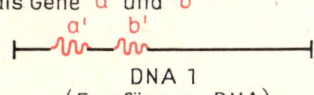

a'   b'

DNA 1
(Empfänger–DNA)

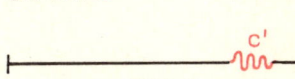

c'

DNA 2
(Spender–DNA)

Merkmalsübertragung

durch Plasmidtransfer (molekulare Züchtung durch Plasmidaustausch)

oder   Spaltung der Spender-DNA durch Restriktionsenzyme Übertragung und Einbau des gewünschten Gens in die Empfänger-DNA mit anschließender Vermehrung des manipulierten Bakteriums (Klonierung)

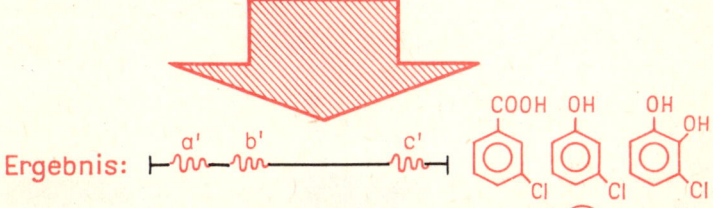

Ergebnis:

a'   b'   c'

COOH OH   OH
                OH

Cl   Cl   Cl

Genom des manipulierten Bakteriums (A')
(A7–2) mit dem zusätzlichen Gen c'

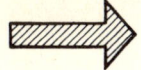

Bakterium (A') (A7–2) kann die Leistungen a b und c vollbringen (Abbau von 3-Chlorbenzoat, 3-Chlorphenol und 3-Chlorkatechol)

che hat! Leistungssteigerungen wären unter derartigen vereinfachten Bedingungen leichter über Verfahrensoptimierung zu erreichen. Weitere Vorteile wären zu nennen. Gentechnisch ist dieses Vorhaben heute kein Problem mehr: Nachdem man festgestellt hat, wie die einzelnen biochemischen Leistungen in der DNA der Bakterien codiert sind, kann der entsprechende DNA-Abschnitt aus dem Genom des betreffenden Bakteriums herausgeschnitten und in einen anderen Organismus übertragen werden. Auf diese Weise kann »leistungsmäßig« gesehen aus zwei oder mehreren Mikroben eine „Hochleistungsmikrobe« konstruiert werden.

Mit Gärung fing alles an – ein Ausflug in die Geschichte der Biotechnologie

»Man hat treffend gesagt: Die Praxis besetzt in einem unbekannten Lande einen wichtigen Punkt, mit Hilfe der Wissenschaft wird dann allmählich das ganze Land erschlossen.« *B. Rassow*

Biotechnologie, wie wir sie heute kennen, hat sich aus der Entdeckung, daß zuckerhaltige Früchte bei Lagerung in Gärung geraten können, entwickelt. Als der Mensch Vorräte anzulegen begann, kam es natürlich vor, daß diese verdarben. Und da er zu dieser Zeit wahrhaftig nicht im Überfluß schwelgte, kostete er von diesen etwas schäumenden und säuerlich riechenden Vorräten. Auf diese Weise lernte er die berauschende Wirkung des Alkohols im Saft vergorener Früchte kennen. Oder aber er bemerkte, daß gesäuerte Milch (die er natürlich erst kosten konnte, nachdem er es gelernt hatte, Tiere zu halten) gar nicht so übel schmeckte und sogar bekömmlich war. Über saure Milch zu Quark und Käse zu kommen, ist lediglich eine Zeitfrage. Bald bereicherte auch saures Gemüse seinen Speisezettel. Und über Versuch und Irrtum (und ein paar Tausend Jahre Zeit) ist er dann zu ganz ansehnlichen Technologien im Brauen, Backen und Konservieren gekommen.

Wurde die Vergärung von reifen Früchten zur Gewinnung berauschender Getränke zunächst in Tongefäßen, ausgehöhlten Baumstämmen und anderen urtümlichen »Reaktoren« durchgeführt, so war die Bereitung des Bieres doch schon ein erheblicher Technologiefortschritt. Die Sumerer waren bereits vor etwa 8 000 Jahren Meister in der Kunst des Bierbrauens. Das »Monument Bleu«, jene berühmte Tontafel, die sich heute im noch berühmteren Louvre befindet, erzählt uns, wie die Sumerer ihr Bier herstellten. Die Ägypter, die die Kunst des Bierbrauens etwa 2 000 Jahre nach den Sumerern lernten, machten eine weitere sehr wichtige Entdeckung: Das bei der Gärung entstehende Kohlendioxid eignet sich vorzüglich zur Säuerung von Brotteig. Damit wurde aus den Fladen unser heutiges Brot. Einige Biere der Ägypter hatten bereits einen Alkoholgehalt von 12–15 %. Jeder, der etwas von Gärung versteht, weiß, daß solche hohen Gehalte an Alkohol nur durch Nachzuckerung während der Gärung erzielt werden können. Um dies sachgerecht tun zu können, muß man schon einiges vom Gärungsprozeß verstehen. Offenbar taten dies die Ägypter sehr gut.

Obschon die Ägypter viel Erfahrung auf dem Gebiet des Bierbrauens hatten, wußten sie doch nichts von den Mikroben, die die Gärung bewerkstelligen – den Hefen.

Auf diese Erkenntnis mußte die Menschheit noch bis zum Jahre 1818 warten. Zu diesem Zeitpunkt machte ERXLEBEN die Entdeckung, daß Hefen die Ursache für die alkoholische Gärung sind. Bereits ANTONIE VON LEEUWENHOEK, jener Holländer, dem wir die Erfindung des Mikroskops verdanken, hatte um das Jahr 1680 Hefezellen in seinem selbstgefertigten Mikroskop beobachten können.

Für die Entwicklung der Biotechnologie bis in die Mitte des vergangenen Jahrhunderts ist typisch: Die Verfahren zur Gewinnung alkoholischer Getränke erreichen einen hohen technologischen Reifegrad ohne die Kenntnis ihres wichtigsten Bestandteiles, der Mikroben. So haben unsere Vorfahren bis zu dieser Zeit (und teilweise bis in unsere Tage) Biotechnologie nicht als Wissenschaft, sondern im Sinne von Kunst betrieben. Betrachten wir uns die Definition von Technologie als Lehre von der Technik, d. h. die »Lehre von den Künsten und Fertigkeiten, mit deren Hilfe die von der Natur gelieferten Rohstoffe in den Fabriken zu Gebrauchsgegenständen, zu ›Gütern‹ umgearbeitet werden«, so gewinnt diese Beschreibung für die Biotechnologie der Gärungsprozesse besondere Bedeutung.

Doch zurück ins Altertum! Nicht nur Bier trug zur Geselligkeit unserer Altvordern bei. Die Herstellung von Wein aus Trauben geht bis in die Zeit um 2000 v. u. Z. zurück. Um diese Zeit wurde die Rebe bereits in Assyrien angebaut. Die Griechen und die Römer verstanden sich offenbar am besten auf die Kunst der Weinherstellung. Marcus Aurelius Probus, seinerzeit römischer Kaiser, brachte den Weinanbau in die später so berühmten Weingegenden Deutschlands – Mosel und Rhein. Dessenungeachtet bevorzugten die etwas grobschlächtigeren Germanen aber noch lange Zeit das von ihnen bereits in großen, bis zu 500 l fassenden irdenen Gefäßen gebraute, obergärige, etwas säuerliche Bier. Auch in der Bibel findet sich im 1. Buch Mose ein wichtiger Hinweis auf

»Biotechnologie«: Noah hatte sich einen Weinberg angelegt und nach offenbar geglückter Verarbeitung der Trauben etwas zuviel von dem edlen Produkt genossen. Dies brachte seine Söhne in erhebliche Verlegenheit.

Vom Alkohol zum Weinessig (der Essigsäure) ist es nur ein kleiner, oftmals ungewollter Schritt. Ein jeder, der sich in der Bereitung von Hausweinen auskennt, weiß das. In der Tat führt die Oxidation von Ethanol zur Essigsäure. Diese Reaktion kann gefürchtet als auch beabsichtigt sein. Wieder haben bereits die Alten dieses Stoffwechselprodukt (diesmal eines Bakteriums) kennen- und schätzengelernt. Sicherlich ist irgendwann einmal Wein oder Bier sauer geworden. Schuld daran war die Luft, besser gesagt der Sauerstoff der Luft. Zunächst wurde Weinessig (aus vergorenen Weinen, meist minderer Qualität) bei den Babyloniern und Ägyptern im Haushalt und mit Wasser verdünnt als Erfrischungsgetränk genossen. Im 14. Jahrhundert wurde in Frankreich in der Gegend von Orleans bereits nach einem technischen Verfahren (dem sogenannten »Orleans-Verfahren«) aus Wein Essig hergestellt. Dies in solch einem Umfange, daß wir bereits von einer »essigherstellenden Industrie« sprechen können. Mit der Essigsäuregewinnung lernen die Menschen erstmals einen aeroben Fermentationsprozeß, eine Reaktion, die nur bei Anwesenheit von Sauerstoff ablaufen kann, nutzen. Die Gewinnung der Milchsäure nämlich, die vor allen Dingen bei der Sauermilchbereitung und bei der Herstellung von Käse und Wurst von Bedeutung ist, ist wiederum ein anaerober Vorgang, der nur unter Luftabschluß von den sogenannten Milchsäurebakterien bewerkstelligt wird. Bei der Herstellung von Käse spielen darüber hinaus die Schimmelpilze, Mikroorganismen, die ebenfalls Sauerstoff zum Leben benötigen, eine große Rolle.

Von den Schimmelpilzen zu den Champignons ist es – taxonomisch gesehen – nur ein kleiner Sprung. Hutpilze als Früchte des Waldes hat der Mensch nämlich auch schon zeitig in Kultur genommen. Kein Zufall sicher, daß dies im Lande der Feinschmekker, nämlich im Frankreich des 17. Jahrhunderts geschah. Die Zucht von Speisepilzen ist von ihrer Technologie her ein sehr alter und doch auch außerordentlich interessanter Zweig der Biotechnologie. Weil das Stroh und der Mist, auf dem diese Pilze als Substrat wachsen, fest sind (demzufolge auch relativ schwer abzubauen und zu nutzen), spricht man hier von der sogenannten »Festsubstratfermentation«. Für die biotechnologische Herstellung vieler Lebensmittel (z. B. auch des Brotes!), insbesondere aber der Delikatessen aus der asiatischen und orientalischen Küche wird seit Menschengedenken diese wohl älteste Technologie angewendet.

Betrachten wir uns die Biotechnologie heute, die von der naturwissenschaftlichen Beherrschung des Fermentationsprozesses ausgeht, so stellt sich die Frage, wann diese begonnen hat. Der Ursprung (und sicher kann man erst ab hier von einer »Bio-Technologie« sprechen) liegt in der Mitte des vergangenen Jahrhunderts und ist auf das engste mit dem Namen LOUIS PASTEUR verbunden. Dieser französische Chemiker (seine Zeitgenossen nannten ihn den »großen Pasteur«) versetzte mit seinen geistreichen Experimenten der Urzeugungslehre den Todesstoß. Er schrieb damit ein entscheidendes und zugleich faszinierendes Kapitel in der Entwicklung der Mikrobiologie und Biotechnologie. Indem er gemeinsam mit dem Briten JOHN TYNDALL bewies, daß mikrobiologisches Leben von mikrobiologischem Leben abstammt, und damit die Ansicht, die damals sehr weit verbreitet war, daß solche winzigen Lebewesen, wie sie Leeuwenhoek als »kleine Tierchen« bereits gesehen und beschrieben hatte, spontan aus toter Materie entstünden, widerlegen konnte, schuf er die Grundlage für wissenschaftliche Biotechnologie. Der Ausgangspunkt der Arbeiten des Chemikers Pasteur über Probleme der alkoholischen Gärung liegt in einem sehr praktischen Interesse: Sicher war in der knapp achttausendjährigen Geschichte des Bierbrauens schon manches Fäßchen sauer geworden. Erst bei den französischen Bierbrauern in Lille aber führte dies zu wirtschaftlichen Schwierigkeiten. Louis Pasteur nahm sich der Sache an, schaute (mit dem Mikroskop) tiefer in das saure Glas und fand die Ursachen des Übels: Bakterien, die das Werk der Hefen verdarben. Und – so ist eben Biotechnologie – knapp 20 Jahre später wurden dieselben Bakterien in großen Gefäßen gezüchtet und lieferten auf mikrobiologischem Weg Milchsäure, die nun für viele verschiedene Zwecke eingesetzt werden konnte. Die Milchsäure ist somit neben Alkohol und Essigsäure das dritte Produkt der Biotechnologie, das in großem Maßstab rein gewonnen wurde. 1881 wurde mit dem Bakterium *Lactobacillus* die Milchsäure als Reinprodukt hergestellt, und heute ist diese aus vielen Bereichen der Lebens- und Genußmittelindustrie, der Pharmazie und letztendlich der Medizin nicht wegzudenken.

Die Bedeutung des Schaffens von LOUIS PASTEUR ausführlich zu würdigen sprengt unseren Rahmen bei weitem. Neben seinen Arbeiten über die Milchsäuregärung, die alkoholische Gärung, die Buttersäurefermentation und über medizinisch-mikrobiologische Probleme bleibt seine Bedeutung für die Biotechnologie doch und vor allem durch den Nachweis, daß ein jedes Fermentationsprodukt auf der Wirkung eines ganz bestimmten Mikroorganismus beruht, stets gegenwärtig.

Neben der Geburtsstunde der wissenschaftlichen Mikrobiologie schlug im Jahre 1897 auch die der Biochemie: EDUARD BUCHNER wies nach, daß nicht nur lebende Hefezellen in der Lage sind, aus Zucker Alkohol zu bilden, sondern auch deren »Innereien«. BUCHNER zerstörte die Zellwände der Hefezellen und erhielt so einen Extrakt, der, wie wir heute wissen, aus einer Vielzahl von Enzymen bestand. Dieser Extrakt erzeugte, setzte man ihm bei einer Temperatur von 30°C Zucker zu, eine stark schäumende Gärung. Die Biochemie machte nach diesen grundlegenden Entdeckungen Buchners zwar sehr bald entscheidende Fortschritte, jedoch sollte es noch eine Reihe von Jahren dauern, bis diese Fortschritte auch im Bereich der Biotechnologie genutzt werden konnten. Heute jedoch ist moderne Biotechnologie ohne Biochemie nicht mehr denkbar. Achtzig Jahre haben unser Weltbild grundlegend verändert.

Der erste Weltkrieg brachte aufgrund von Rohstoffverknappungen sowohl auf deutscher als auch auf englischer Seite die Notwendigkeit der Entwicklung der ersten großen biotechnologischen Verfahren zur Herstellung von Glycerin, Butanol und Aceton. Damit wurde eine neue Ära in der Geschichte der Biotechnologie eingeleitet: die mikrobiologische Herstellung von Chemikalien, die sonst aus anderen Rohstoffen gewonnen wurden. So gewann man Glycerin vor dem ersten Weltkrieg aus Pflanzenölen; während des Krieges wurde eine monatliche Produktion von 1000 t auf biotechnologischem Wege erreicht. Das weitere Schicksal dieser großtechnischen Verfahren wurde auch in den folgenden Jahrzehnten wesentlich vom Rohstoffangebot bestimmt, und es herrschte eine permanente Konkurrenz zwischen chemischer und biotechnologischer Gewinnung. Andererseits lernten die Biotechnologen an diesen Verfahren viel über großtechnische Fermentation. Fragen der Verunreinigung der Fermentationsansätze mit anderen Mikroorganismen, als denen, die für die gewünschte Produktbildung verantwortlich sind und der Befall der Produzenten mit Phagen (Viren, die Bakterien infizieren und zum Platzen bringen können) traten erstmals bei der im industriellen Maßstab durchgeführten Aceton – Butanol – Fermentation auf. Mit der Vervollkommnung und zunehmend wissenschaftlichen Durchdringung dieser Verfahren wurde die technologische Seite der Biotechnologie wesentlich entwickelt. Viele der Erkenntnisse aus diesen Jahren bilden die Grundlage für die

Vielfalt der Verfahren, die bis heute entwickelt wurden: Antibiotika, Impfstoffe, Aminosäuren, Vitamine und vieles andere mehr – die Prinzipien ihrer biotechnologischen Gewinnung sind stets dieselben.

In den letzten sechzig Jahren entwickelte sich die Biotechnologie sehr rasch und viele neue mikrobiologische und biochemische Leistungen wurden erschlossen und nutzbar gemacht. In den vierziger Jahren begann mit der Herstellung von Antibiotika, namentlich der Penicillinfermentation (FLEMING, FLOREY und CHAIN), die Entwicklung der aseptischen Fermentation. Dies bedeutet, daß alle Bestandteile des Fermentationsgemisches einschließlich der Apparatur (dem Fermentor) frei von unerwünschten Mikroorganismen sein müssen. Die Reinkulturen von *Penicillium* brachten nicht nur unendlich viele Probleme, sondern auch wesentliche Erfahrungen, wie man einen Mikroorganismus dazu bringen kann, ein Vielfaches von dem zu leisten, was er unter natürlichen Bedingungen vermag. Selektion und Mutation (Veränderungen im Bereich der Erbsubstanz) ergaben Mikroorganismen, die tausendmal mehr Antibiotikum als ihre Eltern herstellten. Ganz neue Möglichkeiten ergaben sich bei den Antibiotika für die Zusammenarbeit von Mikrobiologie und Chemie: halbsynthetische, zur Hälfte chemisch und zur Hälfte biologisch hergestellte Wirkstoffe besaßen erhöhte chemotherapeutische Wirksamkeit. Aus der Suche nach neuen Antibiotika entwickelte sich ein sehr aufregender Teil der Biotechnologie, die Wirkstofforschung. Wirkstoffe aller Art werden von Mikroorganismen gebildet, und ihre Anwendungsmöglichkeiten sind heute bei weitem noch nicht erschöpft. Vitamine, Gibberelline und Alkaloide haben nur den Anfang gemacht. Die Entwicklung der »Pille« ist durch mikrobiologische Transformationsverfahren möglich geworden. Aber auch neue Techniken der biologischen Umsetzung wurden entwickelt. Die Verwendung von Enzymen statt »ganzer« Mikroorganismen (wir erinnern uns an Eduard Buchner) und die Kultivierung von pflanzlichen und tierischen Einzelzellen in industriellen Fermentoren zur Gewinnung ganz spezifischer Wirkstoffe (beispielsweise der Interferone) haben der traditionellen Biotechnologie neue Dimensionen verliehen. Darüber hinaus haben Molekularbiologie und Genetik zu derart einschneidenden Fortschritten geführt, daß der Mensch heute mittels Gentechnik gezielt in den fundamentalen biologischen Prozeß der Vererbung eingreifen kann und somit zum eigentlichen Gestalter biotechnologischer Prozesse wird.

Umweltprobleme gestern und heute: Biotechnologie ist gefordert

Schon lange vor der Entdeckung der Mikroorganismen im 17. Jahrhundert wurden Vermutungen über ihre Existenz angestellt. Ursache dafür waren die großen Seuchen des Altertums. Bereits damals machte man »schlechte Wässer« für den Ausbruch vieler Krankheiten verantwortlich. Der römische Enzyklopädist und Schriftsteller VARRO vermutete zu Beginn unserer Zeitrechnung, daß »in Sumpfgebieten unsichtbare kleine Lebewesen wachsen, die durch Mund und Nase in den Körper eindringen und dort schwere Erkrankungen hervorrufen«. 1855 bewies SNOW, daß die Übertragung der Cholera durch Trinkwasser möglich ist. Er konnte im London des Jahres 1854, das gerade von einer Choleraepidemie heimgesucht wurde, an der innerhalb von 10 Tagen über 500 Menschen starben, genau den Ausgangspunkt der Krankheit lokalisieren. Aber auch die Luft kann Krankheiten »hervorrufen« (besser: übertragen). Der »Vater der Medizin«, HIPPOKRATES VON KOS, prägte den Ausdruck »Miasma« für Luftverunreinigung. Gemeint ist die Übertragbarkeit von Krankheiten durch »schlechte Luft«, zum Beispiel durch die Atemluft von Pestkranken.

Unsere heutige Vorstellung von Luftverschmutzung bezieht sich in erster Linie auf Rauchgase mit ihrem hohen Schwefeldioxid- und Stickoxid-Gehalt und anderen Verschmutzungen meist anorganischer Natur. Interessant: Luftverschmutzung ist nicht erst ein Problem unserer Tage. Bereits im Jahre 1273 wurde in London ein Gesetz, das die Verwendung von Steinkohle verbot, verabschiedet. Dreißig Jahre später mußte ein Schmied sein Vergehen gegen dieses Gesetz mit dem Leben bezahlen. Selbst wenn man in Rechnung stellt, daß die Mentalität der Menschen des 13./14. Jahrhunderts etwas rauhbeiniger als die unserer Tage ist (worüber man im übrigen streiten kann!), so zeigt dieses Urteil doch, daß in der mittelalterlichen Großstadt die Luft bereits zum Problem geworden war. Umweltschutz hat seine Wurzeln in der Angst vor Seuchen und Krankheiten. Das Edikt Friedrich II. aus dem Jahre 1240 »Über die Reinhaltung der Luft, der Gewässer und des Bodens« weist darauf hin. Für uns mag dies unverständlich sein und nicht so recht in das Bild von der mittelalterlichen Gesellschaft hineinpassen. Dies allerdings liegt an den Dimensionen und Maßstäben. Und sicherlich auch daran, daß der Mensch des Mittelalters derartigen Gefahren viel hilfloser gegenüberstand, als wir es heute tun. Denken wir nur an die sprichwörtliche Brunnenvergiftung. War es dem Feind gelungen, den Brunnen der Burg, um die er sich so sehr bemühte, zu vergiften, so gab es für die Verteidiger bald keine Chance mehr. Denn es hängt nun mal das Leben an sauberem Wasser. Dabei war es sehr einfach, den Brunnen zu vergiften, und wir brauchen dabei nicht an hochwirksame Chemikalien zu denken. Eine Tier- oder Menschenleiche reichte für diesen Zweck völlig aus. Warum dies wiederum nur in einem Brunnen möglich war, nicht aber in einem Fluß, darüber später im Kapitel über Abwasserreinigung mehr. In den Kriegen grauer Vorzeit wurden mit Hilfe von Steinschleudern Pestleichen in belagerte Städte katapultiert und damit meist verheerende Seuchen ausgelöst. Wir haben es also bei diesen Machenschaften der Geschichte bereits mit biologischer Kriegführung zu tun.

Aber Umweltschutz will ja das Gegenteil: verhindern, daß Schädliches in die Umwelt gelangt, und dorthin Gelangtes unschädlich machen. Insofern haben wir eben das Thema verfehlt. Allerdings sind wir dabei auch auf die unbedingte Abhängigkeit des Menschen vom Wasser, von reinem Wasser, gestoßen und dies auf eine sehr eindringliche Art und Weise.

Was Kriege nicht vermochten, erledigten die Menschen der mittelalterlichen Stadt durch ihre Unwissenheit selbst: Ihre Lebensumstände brachten ihnen Krankheit und Tod in einem Ausmaß, welches uns heute fast nicht mehr vorstellbar ist. Ausgelöst wurden diese Seuchen durch die hygienischen Mißstände der damaligen Zeit. Daß dies heute in den Ländern der dritten Welt oftmals nicht viel besser aussieht, belegt eine Einschätzung der Weltgesundheitsorganisation WHO, wonach $3/4$ der Bevölkerung in diesen Ländern keine sanitären Einrichtungen haben! 80% der heutigen Seuchen werden durch mit Krankheitserregern verseuchtes Trinkwasser ausgelöst! Mißstände, die betroffen machen angesichts unseres Wohlstandes. Im Kapitel über Abwasserreinigung werden wir uns näher mit diesen Dingen beschäftigen. Hier

wollen wir der Frage nachgehen, wie sich Abwasser- und Abluftreinigung im Laufe der Geschichte entwickelt haben.

Die Verfahren zur Abwasser- und teilweise auch zur Abluftreinigung sind biotechnologische Verfahren oder beinhalten biologische Teilschritte. Wie wir im Bereich der Gärungsbiotechnologie
gesehen haben, gibt es eine Jahrtausende während Zeitspanne,
in der Menschen die Natur »unbewußt« (gemeint ist: nur aufgrund der Kenntnis ihrer Wirkungen) zur Herstellung nützlicher
Dinge verwendet haben.

Dasselbe Bild bietet sich im Bereich der Abwassertechnik: Zwar
haben wir es hier mit wesentlich kürzeren Zeiträumen zu tun, dafür ist heute aber auch noch viel weniger über ihre mikrobiologischen Grundlagen bekannt als beispielsweise über die Gärungshe-
fen und ihre Enzyme.

Wie wir wissen, herrscht in der Natur das Rezirkulationsprinzip. Dies trifft für alle Dinge (also auch für uns selbst – auch
wenn wir es nicht recht wahrhaben wollen) zu. Stark vereinfacht
bedeutet dies: Die Natur kann das, was sie geschaffen hat, auch
wieder in ihre Einzelteile, letztendlich in Mineralstoffe, Kohlendioxid und Wasser zerlegen. Nichts bleibt übrig, nichts kann sich
anhäufen, kann »liegenbleiben«. Daß das nicht ganz stimmen
kann, sehen wir an unserem Brennstoff Kohle oder dem als
Brennstoff viel zu wertvollen Erdöl. Nun, der Fall ist schnell ge-
klärt: Alles geht nur unter bestimmten Bedingungen und mit sehr
unterschiedlicher Geschwindigkeit. So gibt es Verbindungen (beispielsweise Glucose, Fructose und andere Einfachzucker), die für
die Mikroorganismen im Boden wahre Leckerbissen sind und die
demzufolge sehr schnell abgebaut werden. Die Verwertung ande-
rer Verbindungen (wie z. B. vieler Polymere, so der Zellulose) benötigt mehr Zeit – eben weil sehr viele verschiedene Reaktionen
dafür notwendig sind. Und »neuerdings« gibt es dann noch die
Gruppe von Substanzen, die der Mensch erfunden hat und die die
Natur gar nicht kennt. Um diese abbauen zu können, müssen Mikroorganismen eine Menge »lernen«. Schließlich werden – wie
wir dies schon im ersten Kapitel gesehen haben – für die Mikroorganismen »lebenswerte« Bedingungen benötigt. Hohe Temperaturen, Sauerstoffmangel oder hoher Druck sind da Gift. An solchen »unwirtlichen« Standorten übernimmt die Chemie die
Umwandlung von Naturstoffen. Und so entstehen dann Kohle
oder Öl.

Wenn das Rezirkulationsprinzip zutrifft – und dies tut es –,
warum kommt es dann zu Anhäufungen bestimmter Stoffe, wie
beispielsweise bestimmter Pflanzenschutzmittel in unserer Um-

welt? Nun, heute wissen wir es ziemlich genau und können uns Mikroorganismen und Verfahren »zurechtschneidern«, die selbst mit hartnäckigsten »unnatürlichen« Verbindungen fertig werden. Dies bedeutet nicht, das wir schon genug wüßten oder gar genügend täten!

Unsere Vorfahren wußten von all diesen Dingen nichts, und die Tatsache, daß der nahegelegene Fluß die Abfälle und Fäkalien beseitigte, war zunächst nur eine »Aus den Augen, aus dem Sinn«-Situation. Pantha rei – alles fließt. Daß derselbe Fluß wenige Kilometer weiter in der Tat wieder völlig sauber war, daß einfach nichts mehr von den Fäkalien übriggeblieben war, möglicherweise hat das gar keiner beachtet. Der Mensch hat also wieder einmal unbewußt auf die enorme Kraft von Mutter Natur vertraut. Heute würden wir sagen, er habe das Rezirkulationsprinzip genutzt. Irgendwann aber war auch diese schöne sorglose Zeit vorüber: die großen Städte des Mittelalters bekamen dies zuerst zu spüren. Mit der hohen Konzentration von Menschen in diesen Städten kam es natürlich auch zu einem hohen Anfall an Fäkalien und anderen »Abprodukten«. Zwar verschwanden die immer noch lange Zeit im Fluß oder wurden zum Düngen aufs Land gefahren, aber es wurde immer komplizierter und gefährlicher, mit diesen Abfallstoffen fertig zu werden (die ersten Seuchen hatten die Städte mit ihren katastrophalen hygienischen Zuständen bereits heimgesucht und große Teile der Bevölkerung hingerafft). Und weil, wenn es draußen stinkt, man es wenigstens in seiner Wohnung aushalten möchte, erfand man Methoden, die Fäkalien so schnell wie möglich aus den eigenen vier Wänden zu verbannen. Das Wasserklosett, welches die individuelle Hygiene des Städters wesentlich verbesserte, wurde in der Mitte des 19. Jahrhunderts erfunden. Der Bauer ist erst in unseren Tagen Nutzer dieser Technik geworden – weil er seine Abprodukte zum Düngen brauchte und sie somit nicht verdünnen wollte, um dann Wasser durch die Gegend zu fahren. Mit dem Fortschritt kamen aber auch neue Mißstände: eine fehlende unterirdische Kanalisation ließ die verdünnten Fäkalien auf der Straße Richtung Fluß wandern. Jedoch nicht nur der Gestank (an den man sich zur Not gewöhnen konnte) machte das Leben schwer. Vielmehr gelangten auch Krankheitserreger über das Grundwasser in das Trinkwasser. Wasserwerke, die für klares Trinkwasser sorgten, gab es zu dieser Zeit noch nicht. Epidemien und Seuchen forderten wieder ihre Opfer. Im Gegensatz zum Mittelalter fanden sich aber jetzt beherzte Männer wie RoBERT KOCH, die von der mikrobiologischen Seite diesen Infektionskrankheiten zu Leibe rückten. Auch dies ist ein atemberaubendes Kapitel Menschheitsgeschichte und Biotechnologie, auf das wir in unserem Rahmen nicht näher eingehen können. Die Seuchen werden auch als »Lehrmeister der Sanitärhygiene« bezeichnet. Durchgeführt wurde diese Hygiene aber zunächst von Bauleuten mit der Schaffung der Schwemmkanalisation, die im wesentlichen die Mißstände beseitigen konnte. Noch standen Chemiker und Biologen weit abseits – weil niemand hier die Biologie am Werke vermutete.

Mit der Entwicklung der Industrie in den Städten kamen auch völlig neue Stoffe in den Fluß, mit denen Mutter Natur noch nie konfrontiert worden war. Dies warf die Probleme auf, mit denen moderne Biotechnologie noch heute befaßt ist.

Die ersten Anlagen zur Reinigung des Abwassers waren mechanische Reinigungsanlagen. Sie trennten das Grobe vom Feinen, das Feste vom Flüssigen. Technologisch passierte das in Absetzbecken. Die abgesetzten Feststoffe wurden als Dünger verwendet bzw. abgelagert. Das überstehende, schon etwas klarere Wasser wurde in der Regel verrieselt und gelangte somit schön sauber wieder ins Grundwasser. Hier sind Einschränkungen nötig: Verrieselung setzt sandigen Boden voraus und hat einen extrem hohen Flächenbedarf. Sie war deshalb nur unter ganz bestimmten Bedingungen ein Lösungsweg. Bekannt sind die Rieselfelder bei Berlin. Berlin war neben München, Paris und anderen Großstädten eine der Städte, die bereits Ende des 19. Jahrhunderts über kommunale Abwasseranlagen verfügte. So ist die Verrieselung wohl das älteste biologische Abwasserreinigungsverfahren. Neben seinem großen Flächenbedarf hat es einen weiteren Nachteil: es ist zu langsam. Überhaupt geht in der Zeit des Frühkapitalismus mit seiner sich schnell entwickelnden Industrie und seinen Riesenstädten alles zu langsam. Neue, effektivere Verfahren sind nötig, um der immensen Flut verbrauchten und stark verschmutzten Wassers Herr zu werden. Da man wußte, daß der Fluß offenbar sehr gut und schnell mit den natürlichen Abfällen fertig wurde, brauchte man ihm ja nur noch das Geheimnis seiner Kunst abzulauschen. Die Steine am Boden des Flusses waren von einer schleimigen Schicht überzogen, dies besonders dort, wo die Abwässer in den Fluß eingeleitet wurden. Durch das Mikroskop betrachtet, erkannte man eine Vielzahl von Mikroorganismen, die sich da am Stein festhielten, indem sie einen schleimigen Belag bildeten. Der Belag unserer Zähne vor dem Putzen ist etwas ganz Ähnliches. Der unvergessene LEEUWENHOEK hatte im Zahnbelag ja ebenfalls seine »klienen Dierckens« gesehen. Nachdem man herausgefunden hatte – jetzt waren auch Biologen und Chemiker

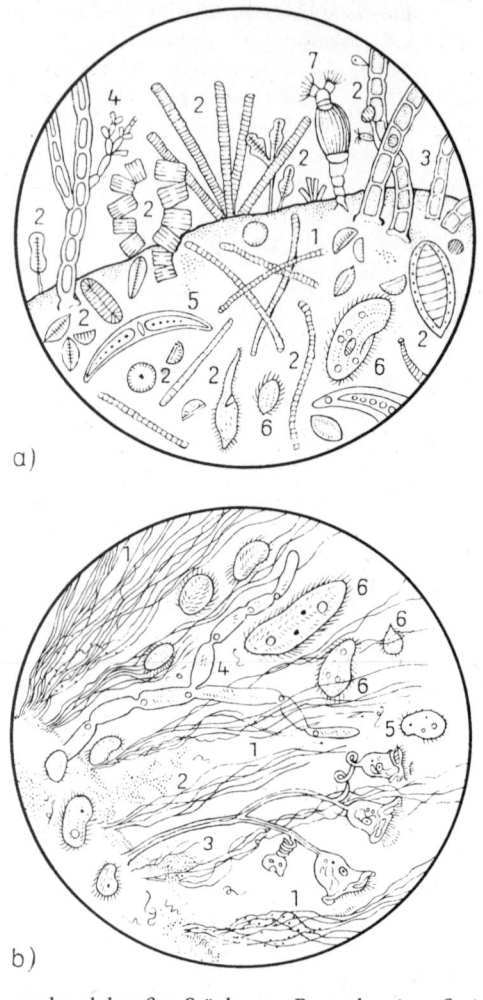

Abb. 7 Ein stecknadelgroßes Stück vom Bewuchs eines Steines im Bach unter dem Mikroskop:
a: sauberer Bachabschnitt:
1 Blaualge, 2 Kieselalgen, 3 Grünalgen, 4 Rotalgen, 3 Jochalge, 6 Wimpertiere, 7 Rädertiere
b: durch häusliches Abwasser verunreinigter Bachabschnitt:
1 »Abwasserpilz« (Bakterie), 2 Bäumchenbakterien, 3 Schmutzablagerungen mit Bakterien, 4 Echter Abwasserpilz, 5 Geißelalge, 6 Colpidium colpada *(aus: Beuschold, Problem Wasser, Urania-Verlag 1984)*

in diese Forschungen eingestiegen –, daß dieser Bewuchs auf den Steinen für die Selbstreinigung des Flusses verantwortlich war, versuchte man mit Erfolg, diese bewachsenen Steine in sogenannten Tropfkörperanlagen für eine Abwasserbehandlung einzusetzen. Alle diese Prozesse verlaufen um so schneller, je besser die Versorgung der Mikroben mit Sauerstoff ist. Aus diesem Wissen heraus und aufgrund der Tatsache, daß immer mehr Abwasser in immer kürzerer Zeit gereinigt werden mußte, wurden bis in unsere Tage zahlreiche neue Belüftungssysteme entwickelt, um den Reinigungsprozeß zu beschleunigen. Neben der Nutzung des »biologischen Rasens« auf den Tropfkörpern wurden aber auch – besonders in kleineren Gemeinden – Abwasserteiche eingerichtet. Diese bewältigen die kommunalen Abwässer von wenigen hundert Einwohnern und stellen somit eine Nebenform auf dem Weg zur Hochleistungsabwasseranlage dar.

Die Grundlage für die Hochleistungsabwasseranlage stellt das zu Beginn unseres Jahrhunderts in den USA entwickelte Belebtschlammverfahren (engl.: activated sludge) dar. Im Jahre 1912 machte CLARK im Gesundheitsamt von Massachusetts Laborversuche, die darin bestanden, daß er Abwasser belüftete. Dabei bildeten sich die sogenannten »Belebtschlammflocken«. Dies sind komplizierte Gebilde, in denen eine Vielzahl biochemischer, chemischer und physikalischer Vorgänge ablaufen. In ihnen leben verschiedene Arten von Mikroorganismen, von denen eine jede Art eine bestimmte Aufgabe bei der Reinigung des Abwassers hat. Im Kapitel über Abwasserreinigung werden wir uns näher mit diesem hochinteressanten Gebilde beschäftigen. Zunächst nur so viel: Die Belebtschlammflocke ist das Grundelement der modernen biologischen Abwasserreinigungsverfahren. 1914 brachte der englische Wissenschaftler FOWLER das Belebtschlammprinzip nach Europa, wo es von seinen Mitarbeitern in der Industriestadt Manchester in die Praxis umgesetzt wurde. Seit dieser Zeit hat das Belebtschlammverfahren eine erhebliche technische Weiterentwicklung erfahren. Von technologischer Seite wurden vor allen Dingen immer neue und effektivere Belüftungsverfahren entwickelt. Biologen erkundeten unterdessen, was in diesen Flocken vor sich geht. Die Kenntnis dieser Vorgänge ist wichtig, wenn man das Verfahren auch im Hinblick auf die Mikroorganismen verbessern will. Das Ziel einer jeden Weiterentwicklung war und ist stets die Erhöhung der Reaktionsgeschwindigkeit und die Anwendbarkeit des Verfahrens für besonders hartnäckige Industrieabwässer. Die Arbeit der Mikrobiologen brachte vor allem auch Kenntnis darüber, welche Mikroorganismen an der Säuberung des

Abwassers beteiligt sind und welche Leistungen von ihnen dabei gebracht werden. *Acinetobacter, Thiobacillus, Pseudomonas* sind ihre Namen; der Laie wird wenig damit verbinden. Für den Eingeweihten verbergen sich hinter den Namen aber eine Vielzahl von Stoffwechselleistungen. So sind diese Organismen in der Lage, Phosphat aus dem Wasser zu entfernen. Ebenso kann man mit ihrer Hilfe Nitrat in gasförmigen Stickstoff überführen. Besonders wichtig – und hier sind vor allen Dingen die Vertreter der Gattung *Pseudomonas* spezialisiert – ist der Abbau von »künstlichen« chemischen Verbindungen, die normalerweise in der Natur nicht oder nur in ganz geringen Konzentrationen vorkommen. Diese sogenannten persistenten Substrate (persistent deshalb, weil sie lange in unserer Umwelt bleiben, ohne abgebaut zu werden) können, wenn sie sich anreichern, in unserer Umwelt großen Schaden anrichten. Es sei hier nur an einige Pflanzenschutzmittel wie das DDT gedacht. Schwer oder nicht abbaubar, häufen sie sich in Boden und Wasser an und gelangen auf diese Weise in die Nahrung von Mensch und Tier. Heute beschäftigen sich Biologen und Biochemiker auf der ganzen Welt damit, Mikroorganismen zu züchten, die diesen chlorierten Kohlenwasserstoffen, Aromaten, Nitrilen und vielen anderen Verbindungen besser Paroli bieten können, ja deren »Leibgericht« diese Stoffe sind. Moderne Methoden der Gentechnik finden hier Anwendung und helfen bei der Konstruktion solcher Mikroben.

Insbesondere für die Behandlung hochbelasteter Industrieabwässer wurden in den letzten 15 Jahren Reaktionsgefäße von der Höhe eines Hochhauses (die sogenannte Turmbiologie) mit hocheffektiver Belüftungstechnik entwickelt. Wichtig für gute Belüftung ist immer möglichst intensiver Kontakt zwischen der den Reaktor durchströmenden Luft und dem Abwasser. Dies heißt, je kleiner die Luftbläschen und je länger der Weg, den diese Bläschen durch den Reaktor nehmen müssen, desto intensiver ist die Sauerstoffversorgung. (Abb. 21) So arbeitet man heute auch in fast 200 Meter tiefen Brunnenreaktoren mit sehr gutem Erfolg.

Aber es geht auch ohne Sauerstoff! Biogas heißt das Gasgemisch aus Methan und Kohlendioxid, das heute wieder zu neuem Ansehen gekommen ist. In der Tat existiert das Verfahren schon seit hundert Jahren, und es wird in großen Kläranlagen zur Behandlung des Klärschlamms eingesetzt. Die Entwicklung dieses Verfahrens erfolgte ebenfalls ohne Kenntnis der Mikroorganismen und der biochemischen Vorgänge. Heute weiß man über diese Mikroben und die Biochemie der Methangärung schon sehr viel, aber die großtechnische Nutzung dieser Erkenntnisse ist nicht einfach, weil es sich hierbei um Mischkulturen von Bakterien handelt, die in ihren Lebensfunktionen – und damit der Bildung von Biogas, das zu etwa 60% aus Methan und zu 30% aus Kohlendioxid besteht – unmittelbar und ganz hautnah voneinander abhängig sind. Trotz der Schwierigkeiten gibt es gewaltige Fortschritte: Man kann die einzelnen Teilschritte der Methangärung in getrennten Reaktoren mit der betreffenden Bakterienart vollziehen. Die Reaktoren sind untereinander verbunden, so daß ein Stofffluß, wie er sich auch in der Natur vollzieht, gewährleistet ist. Ein jeder Schritt kann nun getrennt vom anderen optimiert werden. Stabilität und Effektivität des Gesamtprozesses steigen, und darüber hinaus können heute auf diese Weise Abprodukte zu Biogas verarbeitet werden, mit denen das bislang nicht möglich oder wenig effektiv war. (Abb. 27) Die Geschichte der Biogasgewinnung ist wechselvoll und hochinteressant. In ihr spiegelt sich das Verhältnis des Menschen zu seinen Energiequellen wieder. Ihre Doppelfunktion – Abproduktbeseitigung und Energiegewinnung – machen sie in unseren Tagen in verschiedenen Teilen der Welt zu einer sehr wichtigen dezentralen Technologie.

Im Kapitel über das Wesen der Mikroorganismen als lebende Katalysatoren für alle biotechnologischen Prozesse haben wir erfahren, daß eine wesentliche Voraussetzung für die Verwertung von Stoffen durch Mikroorganismen ihre Löslichkeit in Wasser ist. Wasserunlösliche Stoffe werden schlecht oder nicht in die Mikroorganismenzelle aufgenommen und können somit auch nicht umgesetzt werden. Auch polymere Verbindungen sind oft nicht oder nur schwer wasserlöslich. Mit Hilfe von Exoenzymen können diese Verbindungen in ihre monomeren Bestandteile zerlegt werden. Diese sind dann für den Mikroorganismus verwertbar. Viele unserer natürlichen Abprodukte und Abfälle sind gut wasserlöslich und daher auch problemlos abbaubar. Ihre Umsetzung in biologischen Abwasserreinigungsanlagen stellt daher keine Schwierigkeit dar. Aber nicht alle Abfälle sind gut wasserlöslich. Denken wir nur an die vielen hochpolymeren Verbindungen wie Gummi, Polyurethan, Plaste, aber auch Naturstoffe wie Hölzer, Cellulose, Stroh und vieles mehr. Mit diesen Dingen werden Abwasserreinigungsanlagen natürlich nicht fertig. Hier hilft Kompostierung. Gemeinsam mit den Schlämmen aus der Abwasserreinigung werden diese festen Abfälle durch Mikroben langsam unter Beteiligung von Sauerstoff abgebaut.

Kompostierung ist im natürlichen Kreislauf der Stoffe ein zentraler und enorm wichtiger Prozeß. Neben dem in der Natur ablaufenden Zersetzungsprozeß von natürlichen Polymeren hat der

Prozeß überall dort, wo Polymere in sehr hoher Konzentration anfallen, große technologische Bedeutung erlangt. Intensive Forschung hat sich mit der Optimierung dieses Fermentationsprozesses beschäftigt. Im Abschnitt über Kompostierung werden wir diesen mikrobiologischen Prozeß genauer betrachten.

Ebenso wie die Abwässer dem Menschen einige Schwierigkeiten bereiten, tut es auch die Abluft. Das Problem ist beileibe nicht neu: Auf die Hinrichtung des Schmiedes, der sich nicht an das Verbot, Steinkohle für sein Schmiedefeuer zu verwenden, gehalten hatte, wurde bereits hingewiesen. Auch im sächsischen Zwikkau wurde schon 1340 die Verwendung von Steinkohle in den Schmieden verboten. Und, man höre und staune: In Köln wurde im Jahre 1464 eine Kupfer- und Bleihütte wegen Luftverunreinigung geschlossen. Im 16. Jahrhundert wurden in den Metallhütten von Joachimsthal Kammern zur Abscheidung von Rauch und Flugstaub installiert. Angesichts derartiger historischer Aktivitäten muß, was wir heute noch mancherorts erleben, schlechterdings unverständlich bleiben. Um es vorwegzunehmen: Diese frühen Maßnahmen wurden nicht wegen des Schwefeldioxids oder der Stickoxide unternommen. Hier handelte es sich um die direkt wahrnehmbaren Bestandteile, die sich durch ihren unangenehmen Geruch verraten.

Abluftreinigung und Rauchgasentschwefelung mit biotechnologischen Verfahren stellen eine wichtige Säule biotechnologischen Umweltschutzes dar. Während man mittels chemischer und/oder physikalischer Methoden schon sehr lange in der Lage ist, lästige und schädliche Komponenten aus den Ablüften der verschiedensten Produktionsprozesse zu entfernen, ist eine biotechnologische Reinigung erst seit wenigen Jahren in Gebrauch. Tierkörperverwertungsanstalten, Intensivtierhaltungen, Müllkompostwerke und einzelne Industrieanlagen, wie beispielsweise Gießereien (deren Abluft sehr viel Formaldehyd enthält), produzieren eine Abluft, die mikrobiologisch gut zu entsorgen ist (vergleiche »Biologische Abluftfilter – Mikroorganismen sorgen für saubere Luft«). Schwierigkeiten bereiten aber nach wie vor die Industriezweige, bei denen infolge von Kohle- oder Erdölverbrennung Schwefeldioxid in großen Mengen entsteht. Während bis heute oftmals noch die chemische Schwefeldioxid-Entsorgung während des Verbrennungsvorgangs (Kalkstein-Additiv-Verfahren) die Methode der Wahl ist, werden seit einigen Jahren Möglichkeiten der Entfernung des Schwefels aus Kohle und Erdöl vor der Verbrennung untersucht. Das Bakterium *Thiobacillus* ist für diese Aufgabe wie geschaffen, doch hat es Lebensansprüche, die nicht einfach zu realisieren sind (vergleiche »Mikroben gegen sauren Regen – biotechnologische Kohleentschwefelung«). Prinzipiell ist Biotechnologie aber in der Lage, dieses Problem zu lösen.

Bei der Betrachtung der Möglichkeiten, mit denen Biotechnologie zur Umweltgestaltung beitragen kann, müssen zwei wichtige Gebiete ebenfalls Beachtung finden. Dies ist zum einen die Erschließung von Rohstoffvorkommen, deren Nutzung mit herkömmlichen Methoden unökonomisch ist, und zum anderen die Landwirtschaft. Sie bewirtschaftet unsere Umwelt, um die Grundlage für unsere Ernährung zu schaffen. Zwei Dinge sind bei dieser besonderen Form der Auseinandersetzung mit unserer natürlichen Umwelt wichtig: Landwirtschaft muß die natürlichen Ressourcen Boden, Wasser und Luft so effektiv wie möglich nutzen, und sie muß durch Rezirkulation dafür sorgen, daß diese Reservoire stets wieder aufgefüllt werden. Dies liest sich einfach, aber mit der Einführung industriemäßiger Produktionsmethoden bringt dies zunehmend Probleme, Rezirkulationsprobleme. Da es sich bei allen Produkten der Landwirtschaft, einschließlich ihrer Abprodukte um Naturstoffe handelt, gibt es zunächst keinerlei Schwierigkeiten mit deren Bearbeitbarkeit mit biotechnologischen Methoden. Traditionelle Methoden der Konservierung wie die Silage bedienen sich der Mikroorganismen, in diesem speziellen Falle der Milchsäurebakterien. Je höher die Produktivität der industriellen Fleischproduktion sein soll, desto effektiver muß auch die Silage sein. Silageverluste sind unter diesen Bedingungen besondere Rückschläge. Daher arbeitet man seit vielen Jahren an der Optimierung dieses biotechnologischen Prozesses. Kompostierung spielt für die Düngung eine besondere Rolle, weil mit ihrer Hilfe auch schwer abbaubare Substanzen zu wertvollem Dünger werden können.

Biotechnologie hat in alle Bereiche der Landwirtschaft Einzug gehalten: Seit hundert Jahren weiß man durch die Arbeiten von HELLRIEGEL in Aschersleben, daß die Symbiose von bestimmten Nutzpflanzen (Bohnen, Klee) mit stickstoffbindenden Bakterien, den sogenannten »Knöllchenbakterien«, zu höheren Erträgen führt. Schon vor dem 2. Weltkrieg gab es Bakterienpräparate solcher Stickstofffresser, die vor der Aussaat den Samen der Leguminosen zugegeben wurden. Man weiß auch schon lange, daß nur bestimmte Bakterienarten mit bestimmten Pflanzensorten eine solche fruchtbare Verbindung eingehen können. Aber nicht nur Bakterien, sondern auch von ihnen gebildete Wirkstoffe können die Erträge auf den Feldern erhöhen helfen. Schließlich sind Mikroorganismen auch in der Lage, Pflanzen vor ihren Schädlingen zu schützen. *Bacillus thuringiensis* hat, nachdem er im Jahre 1909 aus Mehlmotten aus einer Thüringer Mühle isoliert wurde, seine Nützlichkeit im Kampf gegen schädliche Schmetterlingsraupen in vielen Teilen der Welt unter Beweis gestellt. In den letzten Jahren hat dieser Zweig biotechnologischer Forschung besondere Bedeutung erlangt. Die Suche nach neuen Wirkstoffen zur Erhöhung der Effektivität der Pflanzenproduktion ist ein weites Feld.

Durch die neuen Formen der Tierhaltung – die industrielle Massenproduktion – gibt es auch Umweltprobleme: Die anfallenden Ausscheidungen der Tiere erreichen so hohe Konzentrationen, daß sie im eigenen Territorium nicht mehr als Düngemittel genutzt werden können. Aufwendige Verarbeitungen werden nötig. Die »Biogasbakterien« helfen hierbei.

Weitere Gebiete der Anwendung von Biotechnologie in der Landwirtschaft müßten genannt werden, Anwendungen, die bis hin zur genetischen Verbesserung von Kulturpflanzen reichen.

Für das Verständnis der historischen Zusammenhänge ist an dieser Stelle nur wichtig, daß sich auch im Bereich der Landwirtschaft Biotechnologie in den letzten dreißig Jahren zu einem immer unentbehrlicher werdenden Helfer entwickelt hat. Damit trägt sie zu einer schonenden und effektiven Nutzung der natürlichen Umwelt des Menschen bei.

Biologische Abluftfilter –
Mikroorganismen sorgen für saubere Luft

Die für uns lebensnotwendige, weil sauerstoffhaltige Luft umgibt uns und all unser Tun. Luft ist ganz einfach bei nahezu allen Prozessen in Landwirtschaft und Industrie »anwesend« und wird demzufolge auch mit gasförmigen Produkten dieser Prozesse beladen. So entsteht Abluft, Luft, die außer den normalen Bestandteilen Stickstoff, Sauerstoff, Kohlendioxid, Argon, Neon, Helium, Methan auch gasförmige Verbindungen, die in der Regel die Qualität der Luft beeinträchtigen, enthält.

Solche Inhaltsstoffe können zum einen Farbe und Geruch (Eigenschaften, durch die in erster Linie unser Wohlbefinden beeinträchtigt wird) verändern, zum anderen aber – unsichtbar und geruchlos – erst durch ihre Wirkung bemerkbar werden. Zu letzteren zählen vor allem auch die Problemschadstoffe Schwefeldioxid (SO_2) und die Stickoxide (NO_x).

Man muß aber nicht voneinander trennen, was immer (wenn auch nicht immer in genau bekannter Weise) zusammengehört: Ob stinkend oder geruchlos: dort, wo es nötig ist, muß Abluft ebenso wie Abwasser entsorgt werden. Dabei ist auch hier wie beim Abwasser alles eine Konzentrationsfrage: Die würzige Landluft enthält Stallabluft in einem »ausgewogenen« Verhältnis (in Abhängigkeit von der Entfernung vom Stall). Mag man sich über würzige Landluft noch streiten können – jedermanns Geschmack ist sie halt auch nicht – so gibt es in unmittelbarer Nähe industriemäßiger Tierhaltungsanlagen wohl kaum geteilte Meinungen: Hier stinkt es zumeist. Dafür, daß dies nicht unbedingt so sein muß, sind Mikroorganismen verantwortlich, Mikroorganismen, die die stinkenden Stoffe aus der Abluft »herausfressen« können.

Insbesondere Prozesse, bei denen »natürliche« Komponenten in der Abluft enthalten sind und diese geruchlich stark und negativ beeinflussen, sind im Hinblick auf mikrobiologische Abluftreinigungsverfahren bearbeitet worden: Landwirtschaftliche Großbetriebe, Tierkörperverwertungsanlagen, Müllkompostwerke und Abwasseranlagen lassen sich abluftseitig sehr gut biotechnologisch entsorgen. Der Grund: Die Abluft dieser Anlagen enthält stinkende Substanzen, die beim Abbau tierischer, pflanzlicher oder mikrobiologischer Biomasse entstehen. Diese natürlichen Komponenten wie beispielsweise Buttersäure, Amine, Valeriansäure, Mercaptane und Schwefelwasserstoff sind mikrobiologisch problemlos abbaubar. Aber auch manche Industrieabluft, wie z. B. die von Gießereien (die vorzugsweise Formaldehyd, Amine und Ketone enthält) ist biotechnologischer Reinigung gut zugänglich.

Industrieabgase, welche Substanzen enthalten, die normalerweise nicht oder nur in äußerst geringen Konzentrationen in der Natur vorkommen, benötigen schon Spezialisten unter den Mikroorganismen. Hier sind chemische oder physikalische Abluftreinigungsverfahren überlegen. Diese Industrieabgase werden physikochemisch durch Absorption der Geruchsstoffe in einem meist flüssigen Absorptionsmittel gereinigt. Ist das Absorptionsmittel mit dem Geruchsstoff gesättigt, muß es regeneriert werden. Demgegenüber liegt der Vorteil der biologischen Reinigung darin, daß die Mikroorganismen durch ihre Stoffwechseltätigkeit die Konzentration des Geruchsstoffes im Absorptionsmedium ständig niedrig halten. Wird die entsprechende geruchsintensive Komponente der Abluft zu Biomasse, Kohlendioxid und Wasser (wie dies für alle natürlich vorkommenden Verbindungen prinzipiell möglich ist) umgesetzt, so bleibt die Konzentration des Geruchsstoffes im Biofilter stets niedrig. Die Aktivität des Biofilters nimmt durch die Vermehrung der Mikroorganismen infolge der Geruchsstoffaufnahme zu und verringert sich also nur über die »Alterung« der Mikroorganismen mit der Zeit.

In Tabelle 3 sind verschiedene Abluftarten, ihre problematischen Komponenten und die für die Säuberung der Abluft verantwortlichen Mikroorganismen aufgeführt.

Die mikrobiologischen und technologischen Voraussetzungen für die biotechnologische Abluftentsorgung ähneln denen der biologischen Abwasseraufbereitung: Mikroorganismen, die die zu entfernenden Substanzen »fressen« können, befinden sich in einer Apparatur, in der sie mit dem lebensnotwendigen Sauerstoff versorgt werden. Da Bakterien, Hefen und Pilze nur in Wasser gelöste Stoffe aufnehmen und verstoffwechseln können, muß stets auch für Wasser gesorgt sein.

Die Mikroorganismen befinden sich entweder als Rasen auf

Tabelle 3 *Einige typische Abluftarten, deren geruchsintensive Inhaltsstoffe und biotechnologische Entsorgungsmöglichkeiten*

Abluftart	geruchs-intensive Inhaltsstoffe	entsorgende Mikro-organismen	biotechnolo-gische Verfahren
A. Abluft aus landwirtschaftli-chen Prozessen (Tierhaltung und Tierkörper-verwertung)	niedere Fettsäu-ren (z. B. n- und iso-Buttersäure) H_2S	Actinomyceten, *Ba-cillus*-Arten, Sarci-nen, *Nocardia*-Arten, *Thiobacillus*-Arten	Bodenfilter und/oder Belebt-schlammverfah-ren
B. Abluft aus in-dustriellen Pro-zessen			
Gießerei	Formaldehyd, Amine, Ketone	adaptierter Belebt-schlamm mit *Pseudo-monas*-Arten und methylotrophen Bakterien	Belebtschlamm-verfahren mit Tauchstrahlreak-toren
chemische Industrie	z. B. Phenol	*Bacillus*-Arten *Pseudomonas*-Arten	»Biowäscher« (Festbett-Reaktoren) und Sand-Filter

festen Bestandteilen (Sand, Holz, Erde, Sinterglas) – genauso wie beim Tropfkörperverfahren der Abwasserreinigung – oder schwimmen frei als Belebtschlammflocke in entsprechenden Bioreaktoren, z. B. Belebtschlammbecken oder Tauchstrahlreakto-ren. Diese Apparaturen werden von der zu entsorgenden Abluft durchströmt. Dabei lösen sich auch die stinkenden Bestandteile ebenso wie der Sauerstoff in der die Mikroorganismen umgeben-den Flüssigkeit. Die Löslichkeit des Geruchsstoffes ist natürlich von der Konzentration in der Flüssigkeit abhängig. Durch die Tätigkeit der Mikroben wird diese bei gleichmäßigem Gasstrom konstant gering (günstigenfalls nahe Null) gehalten. Der zweite Schritt ist die Aufnahme der Geruchsstoffe in die Mikrobenzelle. Dies kann aktiv oder passiv geschehen und ist von der Art des Stoffes und seiner Konzentration abhängig. In der Zelle erfolgt dann der Abbau des aufgenommenen Stoffes. Je nach den Mög-lichkeiten des Mikroorganismus erfolgt dieser Abbau über nur eine oder wenige Reaktionen oder die Verbindung wird »total«

zu zelleigener Substanz, Energie, Kohlendioxid und Wasser abgebaut. Letzterer ist der Idealfall. Oftmals werden Abbaustufen wieder ausgeschieden und vom nächsten Mikroorganismus weiterverarbeitet. Die Endprodukte – entweder Kohlendioxid und Wasser oder eine Abbaustufe – werden aus der Zelle in die Flüssigkeit abgegeben. Kohlendioxid kann dann aus der Flüssigkeit entweichen. Ob Totalabbau oder Teilabbau, in jedem Fall wird die Konzentration des Geruchsstoffes stets niedrig gehalten, so daß sich dieser immer wieder aus der Abluft in die Flüssigkeit nachlösen kann, ohne daß eine Sättigung des »Biofilters« stattfindet und damit eine Regenerierung notwendig wäre. Dies ist einer der entscheidenden Vorteile der biotechnologischen Abluftreinigung: Indem die Mikroorganismen den Geruchsstoff für ihren Zellstoffwechsel nutzen, vermehren sie sich im Filter. Damit wird dieser immer aktiver, da sozusagen die Konzentration des Katalysators immer höher wird. Erst wenn die Mikrobenkonzentration im Filter so hoch ist, daß die Versorgung der Zellen beispielsweise mit Sauerstoff problematisch oder unökonomisch wird, müssen, meist durch einfaches Auswaschen oder Verdünnen, Mikroorganismen aus dem Filter entfernt werden. Bei Bodenfiltern wird dann einfach ein Teil der Erde durch frische ersetzt.

Die Sauerstoffversorgung spielt wie bei der Abwassertechnologie auch hier eine große Rolle, da alle Entsorgungsvorgänge oxidativ (Endziel Kohlendioxid, Wasser und Energie) ablaufen. Die Aktivität des Biofilters wird also nicht durch die Sättigung mit dem Geruchsstoff, sondern durch die Sauerstoffversorgung der Mikroben begrenzt. In Abbildung 8 sind die einzelnen Schritte der Abgasentsorgung im Biofilter schematisch dargestellt.

Abb. 8   Schematische Darstellung der Vorgänge in einem Abluftbiofilter. Die Bakterienzellen befinden sich in einem Wasserfilm auf der Oberfläche des Trägermaterials (Sand, Erde, Beton etc.). Der Abluftstrom enthält die stinkenden Substanzen (A). Diese passieren die Wasserfilm-Luft-Grenzfläche (B) und lösen sich in der Flüssigkeit (1). Nach der Aufnahme (2) in die Bakterienzelle (C) wird das stinkende Molekül verstoffwechselt (3). Im Idealfalle entsteht daraus Energie, CO_2 und Wasser. Das gebildete CO_2 verläßt die Bakterienzelle und befindet sich gelöst im Wasserfilm (4). Entsprechend dem Konzentrationsgefälle entweicht es dem Wasserfilm und gelangt in den Abluftstrom (5). Der Vorteil des Biofilters wird klar: Die stinkende Substanz kann sich aufgrund der Stoffwechseltätigkeit der Mikroben im Absorptionsmedium nicht anreichern, der Filter verliert auch nach längerem Gebrauch nicht an Aktivität.

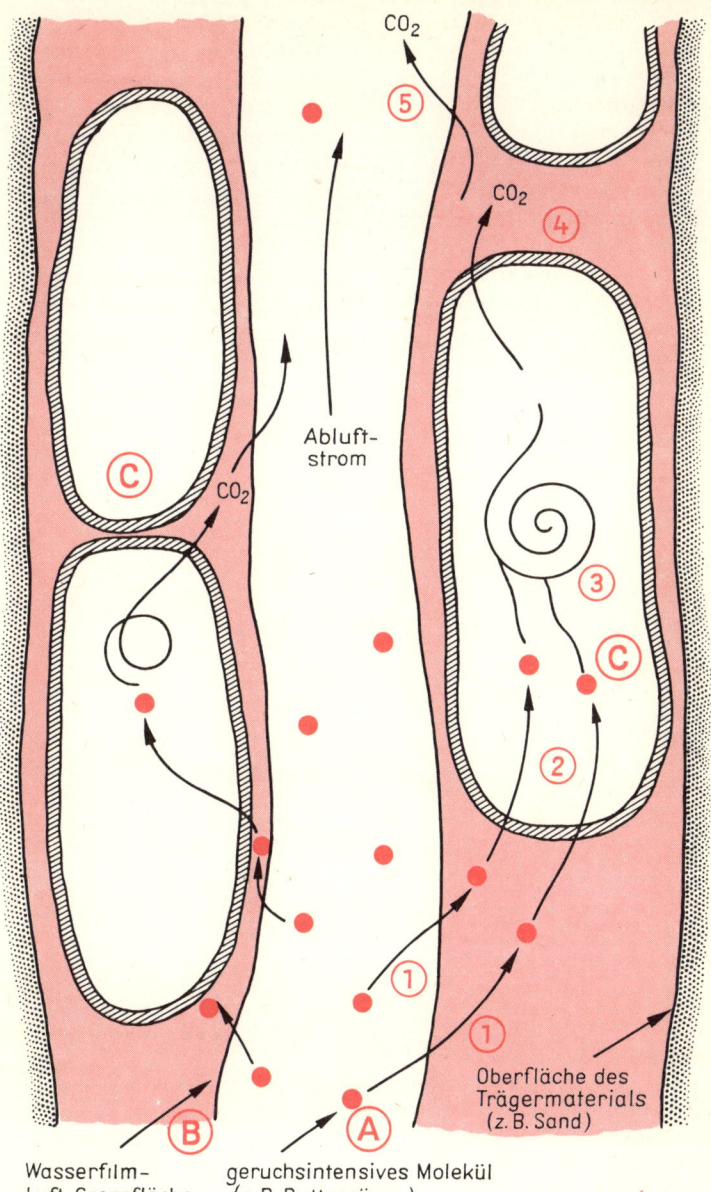

CO₂

⑤

CO₂

④

Abluft-
strom

CO₂

Ⓒ

③

Ⓒ

②

①

①

Oberfläche des
Trägermaterials
(z. B. Sand)

Ⓑ

Ⓐ

Wasserfilm-
Luft-Grenzfläche

geruchsintensives Molekül
(z. B. Buttersäure)

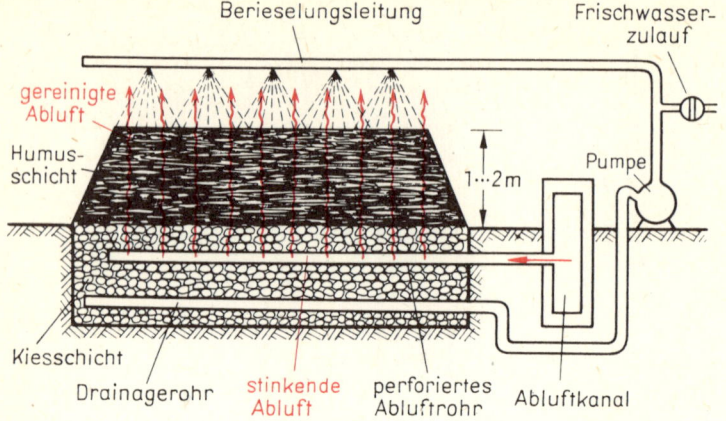

Abb. 9   Erd- oder Bodenfilter für die Reinigung von Abluft aus der Tierhaltung

Für die Entsorgung von Abluft aus der Tierintensivhaltung eignen sich besonders Erd- oder Bodenfilter (Abb. 9). Sie sind äußerst ökonomisch im Hinblick auf Investition und Energie und
genügen den Anforderungen, die durch »natürliche« Geruchsstoffe an Mikroben und Technik gestellt werden, sehr gut. Sie bestehen aus eingegrabenen, perforierten Röhren, aus denen die
Abluft durch eine 1–2 m dicke Erdschicht (meist Humus) ge-
drückt wird. Die Erde ist feucht gehalten, und die Geruchsstoffe
werden im Wasser gelöst und von den dort befindlichen Mikroorganismen verstoffwechselt.
   Die Inhaltsstoffe solcher Stallabluft sind vor allem n- und iso-
Buttersäure, Valeriansäure, andere niedermolekulare Fettsäuren,
Indol und schwefelhaltige Substanzen wie Mercaptane und Sulfide. Für den Abbau von Indol sorgen beispielsweise der Hyphen-
pilz *Neurospora crassa, Pseudomonas-, Bacillus-* und *Nocardia*-Arten,
aber auch *Flavobacterium* und *Micrococcus*. Mercaptane und Sulfide
werden von *Thiobacillus*, einem typischen »Schwefeloxidierer«, der
seinen Energiehaushalt damit deckt, genutzt. Buttersäure und Valeriansäure werden über das Zwischenprodukt Acetylcoenzym A
durch die sogenannte β-Oxidation, zu der viele Bakterien und
Pilze in der Lage sind, aus der Abluft entfernt. Die meisten Verbindungen der Stallabluft werden somit von den Bakterien in der
Erdschicht des Bodenfilters gefressen. Sie werden für den Stoff-

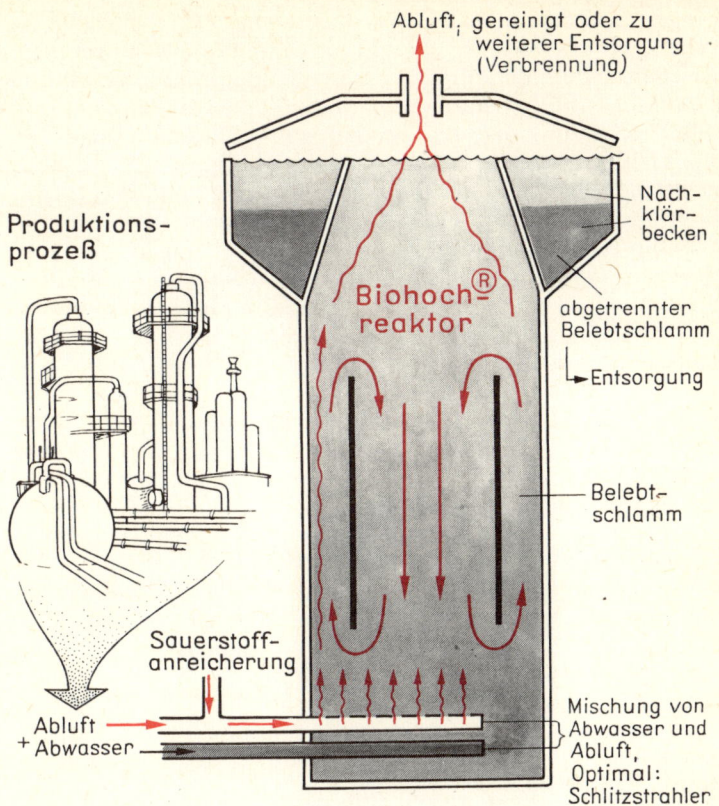

Abb. 10 Kombinierte Abwasser-Abgas-Behandlung in einer Belebt-schlammanlage (Bio-Hochreaktor). Die Einleitung von Abwasser und mit Sauerstoff angereicherter Abluft erfolgt in der Praxis hocheffektiv mittels eines Schlitzstrahlers (siehe auch Abbildung 21).

wechsel und die Vermehrung dieser Bakterien genutzt, so daß der Bodenfilter immer aktiver wird.

Die Reinigung von Industrieabgasen ist wegen ihrer unnatürlichen Geruchsstoffe problematischer. Hier müssen oft Stoffwechselspezialisten unter den Mikroben eingesetzt werden, um Phenole, Kresole, Pyridine, Methylmercaptane und anderes »Schwerverdauliches« geruchlos zu machen. *Pseudomonas*-Arten, besonders *Pseudomonas putida*, haben sich auf die Spaltung des aromatischen

Ringes von Phenol spezialisiert. Ebenso sind Pseudomonaden an der Entfernung von Formaldehyd aus der Gießereiabluft beteiligt. Die Behandlung derartig verunreinigter Industrieabgase kann in Tropfkörperanlagen und Belebtschlammbecken erfolgen.

In Produktionsprozessen, bei denen sowohl hochbelastetes Abwasser als auch eine zu entsorgende Abluft entsteht, können beide im Belebtschlammverfahren gleichzeitig von den gleichen Mikroorganismen der Belebtschlammflocke gereinigt werden, indem die Abluft (möglicherweise mit Sauerstoff angereichert) zur Belüftung der Belebtschlammanlage verwendet wird (Abb. 10).

Ein Beispiel für ein Recycling auf diesem Gebiet ist die Rückführung der meist stinkenden Luft aus Kläranlagen in das Belebtschlammbecken. Sie dient damit nach Anreicherung mit Sauerstoff zur Belüftung des Belebtschlammbeckens und wird gleichzeitig desodoriert. Unter Desodorierung (lat. odor, odoris, Geruch, Brodem) versteht man die Entsorgung (»Geruchlosmachung«) von stinkender Abluft. Ebenso kann die in erheblichen Mengen »anfallende« Abluft großer Fermentationsanlagen (beispielsweise der Backhefeproduktion oder der Herstellung mikrobiologischen Futtereiweißes), die ja oft sehr geruchsintensiv ist, nach Sauerstoffanreicherung wieder in die Fermentationsanlage zurückgeführt werden.

Trotz ihrer Einfachheit sind biotechnologische Verfahren zur Abluftreinigung eine relativ junge Entwicklung. Während biologische Abwasserreinigung und chemische Abluftentsorgung seit fast einem Jahrhundert betrieben werden, sind mikrobiologische Verfahren erst in den letzten beiden Jahrzehnten erarbeitet worden.

Die Entstehung und notwendige Entsorgung großer Müllkompostwerke, Abwasseranlagen, industrieller Mastanlagen und Fermentationsbetriebe mit hohem, übelriechendem Abluftaufkommen sowie ein neuartiges Energiebewußtsein und harte ökonomische Zwänge haben zu diesen Entwicklungen geführt. Daß biotechnologische Abluftentsorgung eine große Zukunft haben wird – vergleichbar der biologischen Abwasserreinigung – ist sicher keine spekulative Annahme. Dies besonders auch deshalb, weil sie einerseits eine Ergänzung der bisher praktizierten chemischen und physikalischen Behandlungsmethoden darstellt, andererseits sie aber auch dort ökonomische Leistungen bringt, wo dies bisher mit anderen Methoden nicht möglich war.

Wie bei allen Verfahren der Abproduktverwertung werden die Trends der Entwicklung auch in die Richtung der Effektivierung dieser Technologien durch Suche nach »neuen« Mikroben oder

Anwendung einzelner Enzyme gehen. Die Frage nach einer gleichzeitigen Wertstoffgewinnung aus der Abluft beeinflußt vor allem die Ökonomie derartiger Prozesse.

Hier sei nur auf ein Beispiel hingewiesen: Aus der Abluft der Kohlevergasung, die viel Kohlendioxid, Kohlenmonoxid und Wasserstoff enthält, kann man mit Mischkulturen aus einem Faulschlamm Methan erzeugen.

Mikroben gegen sauren Regen – biotechnologische Kohleentschwefelung

Das Waldsterben hat bei uns Menschen eine besonders tiefgreifende Angst ausgelöst. Es ist nicht vordergründig der materielle Schaden, der den Wald zum Thema Nr. 1 in der Umweltdiskussion gemacht hat. Vielmehr ist beim Waldsterben eine Grenze überschritten worden: Wir Menschen haben durch unser Tun das Symbol für das Leben, den Baum, zerstört. Dies ist von besonderer Wirkung und geht weit über unsere Verstandesgrenzen hinaus. Der Baum als Ausdruck von Lebenskraft, er überlebt Generationen und vermittelt somit eine – sicher kindlich naive – Vorstellung von Unsterblichkeit, von der Ewigkeit des Lebens. Er zeigt uns durch Symbole des Lebens – das Blühen, das Tragen von Früchten – wie unser zeitlich sehr begrenztes Leben Teil eines großen Ganzen ist. Der vom Blitz zerstörte Baum hat seine eigene, tiefe Dramatik.

Bäume spielen im gesellschaftlichen Leben eine große Rolle: vom »Ständebaum« bis zur Begrünung von Neubaugebieten.

Der ursprüngliche Lebensraum unserer Vorfahren war der Wald. Von daher wird der Wald als etwas Heimatliches empfunden. Die Märchen unserer Kindheit spielen im »tiefen, tiefen Wald«.

Neben diesen sicher äußerst wichtigen Faktoren gibt es aber auch gewichtige materielle Gründe unserer Verbundenheit mit dem Wald: physisches Wohlbefinden durch die charakteristische Waldluft, die besonders sauber und sauerstoffreich ist. Die Ruhe im Wald wirkt entspannend; sie kann auch Angst auslösen. Die Geräusche und Stimmen des Waldes beeinflussen unseren Gesundheitszustand. Oft hat man deshalb vom »Doktor Wald« gesprochen.

Aber auch »harte« wissenschaftliche Aussagen (die allerdings das Gemüt weit weniger ansprechen als ein einziges Bild vom zerstörten Wald) gibt es: Die Photosynthese macht Wälder und Parks zu den »grünen Lungen« unseres Planeten. Kein auf Sauerstoff angewiesener Organismus kann ohne Lunge leben.

Man kann auf der Suche nach den Ursachen für unsere besondere Beziehung zum Wald Bände mit Überlegungen dazu füllen. Dies ist nicht nötig: Die entstandene Polemik gegen sauren Regen beweist, wie tief die Menschen hier angesprochen werden.

Nun ist der Mensch im Laufe seiner kulturellen Evolution aus dem Wald herausgetreten, sein Leben findet immer mehr außerhalb des Waldes statt. Der Wald ist im Laufe der vergangenen tausend Jahre erheblich zurückgegangen. Bereits aus der Schule wissen wir dies, und immer wieder sehen wir es: Dort, wo wir nicht »aufpassen«, entsteht erneut Wald; sogar auf den Abraumhalden alter Tagebaue.

Während der kulturhistorisch bedingte Rückgang der Bewaldung unseres Planeten über einen sehr langen Zeitraum in meist grauer Vorzeit erfolgte, so daß wir nur das Ergebnis – unsere Kulturlandschaft mit ihren »Restwäldern« und künstlichen Forsten – kennen und uns in aller Regel darin wohlfühlen, vollzieht sich das Waldsterben innerhalb weniger Jahre: Wir können (müssen?) dabei zusehen. Und es geschieht auf eine krankhafte Art und Weise, nicht durch die Axt des Holzfällers oder die Wucht des Blitzes. Ja, es handelt sich um Siechtum, um Sterben. Und deshalb sind wir möglicherweise so tief berührt. Über dem Ganzen steht die Frage: »Und was wird aus uns?«

Ab einer bestimmten Stufe läßt sich begonnenes Sterben nicht mehr in gesundes Leben zurückversetzen. Aber ebenso, wie ein Lungenkranker von seiner Tuberkulose durch die Kraft von Arzt und Wissenschaft (und frischer Luft!) geheilt werden kann, ebenso läßt sich unser Wald retten. Auch an den Gedanken müssen wir uns gewöhnen, daß unsere Generation das nicht mehr erleben wird. Diese Tatsache widerspiegelt den Symbolgehalt des Baumes.

Die therapeutischen Möglichkeiten einer Lungentuberkulose sind vielfältig, und in unserer Zeit braucht niemand an dieser Krankheit zu sterben. Unter einer Voraussetzung: Er muß das Rauchen aufgeben. Die Therapie einer jeden Krankheit beginnt mit dem Weglassen oder der Beseitigung des Krankmachenden. Das kann zu Entzugserscheinungen führen.

Wollen wir unseren Wald retten und gesunden lassen, müssen wir die Ursachen für das Absterben der Bäume herausfinden und beseitigen. Wie gesagt, unter Umständen mit Entzugserscheinungen. Als die Hauptursache des Waldsterbens ist der »saure Re-

gen«, der hohe Gehalt der Luft an Schwefeldioxid und Stickoxi-
den, identifiziert worden.

Schwefeldioxid und Stickoxide, aber auch andere leichtflüch-
tige Substanzen wie Ammoniak lösen an den Pflanzen und im Boden eine Reihe von Störungen aus, an denen und an deren Folge-
reaktionen die Pflanzen erkranken, so stark erkranken, daß dies
zum Tod der Pflanzen führt.

Viel ist darüber gearbeitet und publiziert worden. Auch von
den verschiedensten Seiten wird das Problem angegangen: bis hin
zur Züchtung schwefeldioxidresistenter Baumsorten. Alle diese
Bemühungen haben das gleiche Ziel: die Rettung unseres Waldes.
Da muß auch der Biotechnologe natürlich auf die Frage, was seine
Wissenschaft zur Lösung beitragen kann, antworten. Wir wollen
uns hier mit dem, was Biotechnologie gegen sauren Regen tun
kann, beschäftigen.

»Saurer Regen« ist, wie wir wissen, die populäre Bezeichnung
für eine Situation, die wir mit unseren Sinnen nicht wahrnehmen
können: den hohen Gehalt der Luft an Schwefeldioxid.

Er wird in erster Linie durch die Verbrennung der fossilen
Energieträger Kohle und Erdöl hervorgerufen. Darüber hinaus
gibt es einige technische Prozesse, bei denen Schwefeldioxid in
größerem Umfange entsteht, wie beispielsweise die Verhüttung
von Eisen und Stahl. Für die Abluft derartiger Eisen- und Stahl-
hütten wurden bereits zu Beginn unseres Jahrhunderts Entsor-
gungsvorschriften erarbeitet. Das beim »Windfrischen«, welches
der Qualitätsverbesserung des Gusses dient, entstehende Schwefeldioxid wird aufgefangen und zur Herstellung von Schwefelsäure genutzt.

Kohle und Erdöl enthalten relativ viel Schwefel in unterschiedlichen Bindungsarten. Im Erdöl liegt der Schwefel in Form organischer Verbindungen (Heterocyclen, Heteroaromaten) vor. Die
Kohle enthält neben diesen organischen Schwefelverbindungen
Schwefel in Form von Eisensulfid, auch Pyrit oder Marcarit genannt. Bei der Verbrennung der Kohle ensteht Eisenoxid und
Schwefeldioxid

$$FeS_2 + 2^1/_2 O_2 \rightarrow FeO + 2 SO_2$$

Eisenoxid landet in der Asche und färbt diese je nach Menge
mehr oder weniger rotbraun, Schwefeldioxid entweicht mit dem
Rauch aus dem Schornstein. Und dies in erheblichen Mengen:
Eine Tonne Rohkohle enthält je nach Herkunft 5–50 kg Eisensul-
fid. Die Oxidation dieses Eisensulfids liefert etwa die gleiche
Menge Schwefeldioxid.

Dem bei der Verbrennung entstehenden Schwefeldioxid (aus Pyrit und dem organisch gebundenen Schwefel) kann man mit dem in der DDR entwickelten Kalk-Additiv-Verfahren begegnen. Hierbei wird durch Zugabe von Kalk zur Kohle oder durch Einleiten der Abgase in Kalkmilch das bei der Verbrennung entstehende Schwefeldioxid abgefangen, es entsteht Gips. Dieses Verfahren ist eine sehr effektive Form der Rauchgasentschwefelung bei der Kohleverbrennung im industriellen Maßstab. Mehr als 75 % des entstehenden Schwefeldioxids werden durch dieses Verfahren abgefangen.

Es ergab sich für den Biotechnologen schon vor Jahren die Frage, ob es nicht möglich sein sollte, den als Sulfid in schwer löslicher Form in der Kohle vorliegenden Schwefel in die gut lösliche (und damit von der Kohle abtrennbare) Sulfatform mit Hilfe von Mikroben zu überführen. Somit könnte der anorganische Schwefel vor der Verbrennung der Kohle aus dieser entfernt werden. Die Schwefeldioxid-Entstehung beim Verbrennungsvorgang wäre erheblich vermindert, da nur noch der organisch gebundene Schwefel zu Schwefeldioxid oxidiert würde. Diese Möglichkeit ist in der Tat mit dem Einsatz der schon seit langer Zeit im Biobergbau verwendeten Bakterien *Thiobacillus ferrooxidans* und *Sulfolobus acidocaldarius* gegeben. Diese Bakterien vermögen Sulfid-Schwefel mit Luftsauerstoff in Eisensulfat und Schwefelsäure zu überführen:

$$2\,FeS_2 + 7\,O_2 + 2\,H_2O \rightarrow 2\,FeSO_4 + 2\,H_2SO_4 \qquad (1)$$

$$4\,FeSO_4 + O_2 + 2\,H_2SO_4 \rightarrow 2\,Fe_2(SO_4)_3 + 2\,H_2O \qquad (2)$$

Durch die Oxidation von Eisen(II)-disulfid gewinnen die Bakterien die für die Lebensprozesse, wie beispielsweise Vermehrung, notwendige Energie. Mittels dieser Energie wird Kohlendioxid der Luft reduziert und in zelleigene Substanzen wie Energie und Kohlenhydrate verwandelt. Wir nennen diesen Stoffwechseltyp chemolithoautotroph.

Mit der genannten Fähigkeit von Mikroben, scheint die mikrobiologische Seite der Angelegenheit also zunächst ganz einfach zu sein. Und das ist sie in der Tat: Es gibt sehr viel Kenntnisse über die biochemischen Lebensgewohnheiten dieser Bakterien, so daß der Entwicklung eines biotechnologischen Prozesses eigentlich nichts mehr im Wege steht.

Aber auch hier bringt – wie immer im Leben – die praktische Umsetzung des Planes die Probleme. In unserem Falle ist es vor allem der Maßstab, der Sorgen bereitet. Denken wir nur an die unerhörten Mengen von Rohbraunkohle, die täglich verbrannt werden! Die technologische Umsetzung des wissenschaftlich bereits gelösten Problems (im Labor funktioniert schon alles bestens) macht die Sache kompliziert: Aus der Reaktionsgleichung lassen sich wesentliche biotechnologische Notwendigkeiten ableiten:

1. Wir wissen, daß Bakterien stets Wasser zum Leben benötigen. Der »natürliche« Wassergehalt der Rohbraunkohle reicht da bei weitem nicht aus. Somit ist es notwendig, der Kohle Wasser zuzusetzen; im Hinblick auf das Verarbeitungsziel Verbrennung ein großer Umweg – sie muß ja wieder getrocknet werden.

2. Aus der Reaktionsgleichung ersehen wir den Sauerstoffbedarf der Reaktion.

3. Für die Reaktion ist natürlich der Kontakt aller Reaktionspartner miteinander notwendig. Also muß die Kohle zerkleinert werden. Wir wissen, daß die Entschwefelung um so gründlicher ist, je kleiner die Kohlepartikel sind.

4. Nach der Reaktion muß eine Abtrennung des gebildeten Sulfats von der Kohle erfolgen. Dies ist um so schwieriger, als Kohle über ein hohes Adsorptionsvermögen verfügt.

5. Schließlich muß die schwefelfreie Kohle wieder transportierbar und brennbar gemacht werden. Dies geschieht durch Trocknung. Aus diesem Grunde erscheint eine biologische Entschwefelung auch besonders im Brikettierungsprozeß, in dem ja die Trocknung der Rohbraunkohle bis auf einen Wassergehalt von 15–17 % erfolgt, sinnvoll.

In Abbildung 11 ist das Verfahren der mikrobiologischen Kohleentschwefelung schematisch dargestellt: Die eisensulfidhaltige Rohbraunkohle wird zunächst mit einer entsprechenden Technik zerkleinert. Damit wird die Reaktion über den Kontakt zwischen Bakterium und Kohlepartikel ermöglicht. Auf den Zusammenhang zwischen minimaler Korngröße und maximaler Entschwefelungsrate wurde schon hingewiesen. Die so zerkleinerte Kohle wird aufgeschwemmt und mit Schwefelsäure versetzt. Diese Schwefelsäure fällt im eigentlichen Oxidationsschritt im Bioreaktor in Form verdünnter Schwefelsäure an (Reaktionsgleichung!). Damit wird aus dem Kohle-Wasser-Gemisch Kalk entfernt. Rohbraunkohle ist oft stark karbonathaltig. Wie erwähnt, benötigt aber *Thiobacillus ferrooxidans* zur Schwefeloxidation ein saures Mi-

Abb. 11 Prozeßschema für die biotechnologische Kohleentschwefelung mit Hilfe von *Thiobacillus ferroxidans* oder *Sulfolobus acidocaldarius* (Erläuterung im Text)

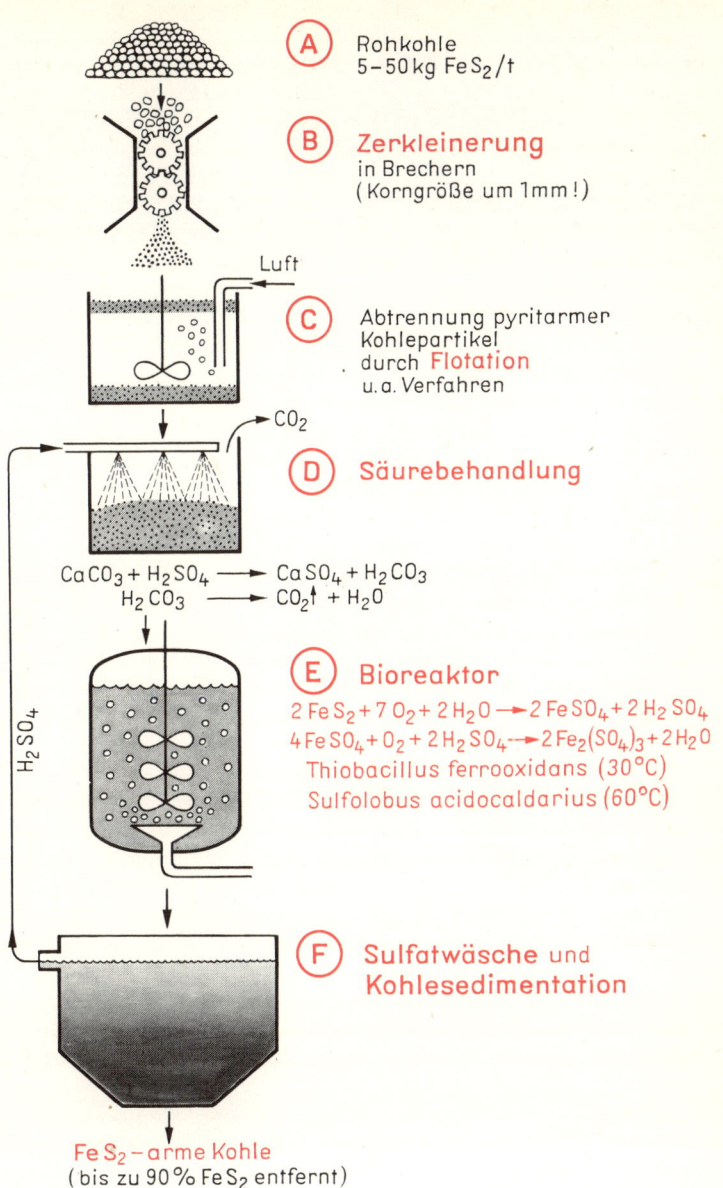

A   Rohkohle
5–50 kg FeS_2/t

B   **Zerkleinerung**
in Brechern
(Korngröße um 1mm!)

Luft

C   Abtrennung pyritarmer
Kohlepartikel
durch **Flotation**
u. a. Verfahren

CO_2

D   **Säurebehandlung**

$$CaCO_3 + H_2SO_4 \longrightarrow CaSO_4 + H_2CO_3$$
$$H_2CO_3 \longrightarrow CO_2\uparrow + H_2O$$

E   **Bioreaktor**

$$2\,FeS_2 + 7\,O_2 + 2\,H_2O \longrightarrow 2\,FeSO_4 + 2\,H_2SO_4$$
$$4\,FeSO_4 + O_2 + 2\,H_2SO_4 \longrightarrow 2\,Fe_2(SO_4)_3 + 2\,H_2O$$
Thiobacillus ferrooxidans (30°C)
Sulfolobus acidocaldarius (60°C)

H_2SO_4

F   **Sulfatwäsche** und
Kohlesedimentation

FeS_2 – arme Kohle
(bis zu 90 % FeS_2 entfernt)

BRIKETTIERUNG

lieu (pH-Wert um 2–3). Daher ist der Schritt der Ansäuerung des Reaktionsgemisches bei gleichzeitiger Karbonatentfernung wichtig. Alsdann wird das Wasser-Säure-Kohle-Gemisch in einem Bioreaktor mit dem biologischen Katalysator *Thiobacillus* »beimpft«. Im Bioreaktor muß für gute Durchmischung und Belüftung gesorgt werden. Da in der Kohle nicht alle für das Bakterium notwendigen Nährstoffe vorhanden sind (Eisensulfid dient nur als Energiequelle!) müssen weitere Nährsalze (z. B. Stickstoff- und Phosphorsalze) nachdosiert werden. Kohlendioxid wird vom Bakterium als Kohlenstoffquelle zum Aufbau zelleigener Stoffe und damit für seine Vermehrung verwendet. Wichtig ist es auch, daß ein für das Bakterium optimaler Temperaturbereich im Bioreaktor eingehalten wird. Dieser liegt für *Thiobacillus* bei 30°C. Mit dem thermophilen Bakterium *Sulfolobus acidocaldarius* ist die Reaktion bei 60°C durchführbar. Nach Ablauf der Reaktion wird die Kohle vom Sulfat getrennt (Sulfatwäsche) und sedimentiert. Die schwefelfreie (besser: die von Sulfid-Schwefel freie) Kohle wird getrocknet und brikettiert.

Die Versuchsanlagen überall auf der Welt haben bewiesen, daß es geht: Bis zu 90% des Schwefels kann auf diese Weise entfernt werden. Der hohe technologische Aufwand vor allem im Hinblick auf die ungeheuer große Menge zu behandelnder Kohle kann durch kontinuierlich arbeitende Verfahren verringert werden. Eine erhebliche technologische Vereinfachung (die sich natürlich auch ökonomisch bemerkbar macht) wäre gegeben, wenn es gelänge, die Kohle in ihren Lagerstätten oder während des Förderungsprozesses zu entschwefeln. Die sogenannte Haldenlaugung hat im Biobergbau der USA, insbesondere bei der Kupfergewinnung enorme Bedeutung erlangt. In Abbildung 12 ist das Prinzip der Haldenlaugung einmal auf das Eisensulfid der Kohle übertragen worden, um dies zu verdeutlichen.

Die mikrobiologische Entschwefelung von Kohle bezieht sich nur auf den anorganischen Pyritschwefel. Hinsichtlich der Entfernung der schwefelorganischen Verbindungen (Thiophene etc.) aus Kohle und Erdöl gibt es eine Reihe biotechnologischer Ansätze, die aber noch nicht soweit gediehen sind wie die Schwefeloxidation mit Thiobacillus. Hier sind in erster Linie Stoffwechselspezialisten unter den Bakterien gefragt, die in der Lage sind, die heterocyclischen und heteroaromatischen Schwefelverbindungen zu knacken. Erfahrungsgemäß wird es auch hier mikrobiologische Lösungswege geben. Das Auffinden »neuer« Mikroorganismen und die gentechnische Konstruktion von »Spezialisten für organische Schwefelverbindungen« ist ein lösbares Problem. Schwieriger

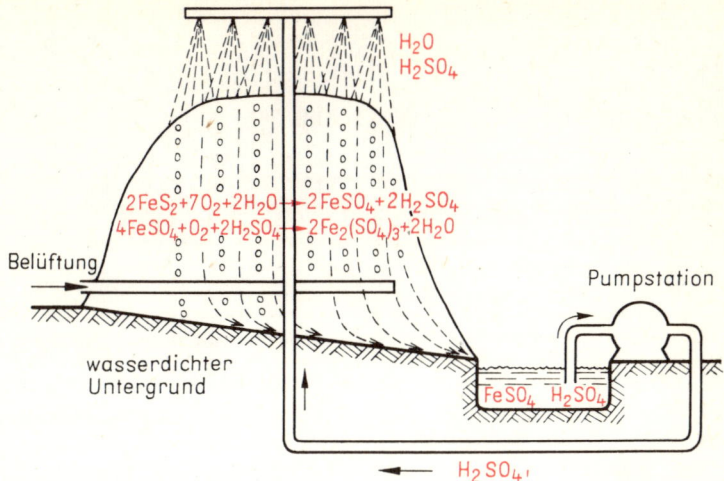

Abb. 12 Eine technologische Vereinfachung erfährt die mikrobiologische Kohleentschwefelung durch die Haldenlaugung.

gestaltet sich die technologische Seite dieser Prozesse – vor allem im Hinblick auf die Ökonomie des Verfahrens.

Trotzdem ist sicher, daß Biotechnologie auch an diesem enorm wichtigen Prozeß der Verhinderung von Schwefeldioxid-Emmissionen in der Zukunft ihren Anteil haben wird. Das Zusammenwirken von biotechnologischen und chemischen Verfahren wird zu effektiven und ökonomischen Lösungen führen. Die unbedingte Notwendigkeit dafür ist gegeben: das Waldsterben.

Biotechnologische Entsorgung fester Abprodukte: Kompostierung

Nachdem wir gesehen haben, wie der Mensch mit flüssigen und gasförmigen Abfällen seines Tuns fertig wird, oder zumindest fertig werden kann, wollen wir uns einem weiteren wichtigen Umweltschutz-Problem zuwenden: unserem festen Müll.

Wir brauchen nur in unseren Mülleimer zu schauen, um mitzubekommen, was und wieviel wir täglich an festen Abfallstoffen allein im Haushalt »produzieren«. Und dabei handelt es sich bei den Dingen im Abfalleimer noch nicht einmal um all unsere festen »Abprodukte«. Einen erheblichen Teil führen wir als Altpapier, Glas und Metall quasi geordnet einem Recycling zu. Im Abfalleimer landet Kleinkram, Dinge mit denen wir nun beim besten Willen nichts mehr anzufangen wissen. Wir überlassen es den Experten, mit diesen Dingen fertig zu werden. Und das ist auch richtig so, denn mit dem Abtransport des Hausmülls beginnt ein biotechnologischer Prozeß größten Ausmaßes. Daß dieser sich nicht wie andere Bereiche der Biotechnologie – beispielsweise das Brauereiwesen – größter Beliebtheit erfreut, mag unter anderem an seinem geruchlichen Umfeld liegen. Bei der Abluft haben wir bereits darüber gesprochen. Und schön ist es auch nicht anzusehen, was da in Deponien und Kompostierungswerken geschieht. Trotzdem ist es ein wichtiger Teil unserer Realität und für den Eingeweihten eine hochinteressante und faszinierende Angelegenheit.

Vorausgeschickt sei noch, daß Kompostierung, obwohl vom Menschen seit Jahrtausenden betrieben, noch heute ein breites Feld der Grundlagenforschung ist. Dies insbesondere auch im Hinblick auf die täglich wachsende Vielfalt von Abfallstoffen. Tatsächlich sind auch die fähigsten Mikroben heute an ihren Grenzen angelangt, wenn es darum geht, vom Menschen erfundene Kunststoffe in ihre Einzelteile zu zerlegen, oder gar Kohlendioxid und Wasser aus ihnen zu machen. Es mag übertrieben klingen, aber es ist so: Ohne den biotechnologischen Prozeß der Kompostierung wären wir längst im eigenen Müll erstickt.

Die gefahrlose und ökonomische Beseitigung fester Abfälle ist besonders in dichtbesiedelten und industrialisierten Ländern ein hochbrisantes, heiß diskutiertes, in seinen Grundlagen jedoch gelöstes Problem. Drei Möglichkeiten stehen zur Verfügung: geordnete Deponien mit den Möglichkeiten der Rekultivierung und der Deponiegasgewinnung, Müllverbrennungsanlagen für mikrobiologisch nicht abbaubares oder giftiges Material und Müllkompostierung, bei der städtischer Müll meist im Gemisch mit Klärschlamm einer mikrobiologischen Verrottung unterworfen wird. Das Produkt der Kompostierung ist wertvoller, huminstoffreicher Dünger, der vor allem auch im Hinblick auf die hygienische Unbedenklichkeit seinen Ausgangsstoffen Müll und Klärschlamm weit überlegen ist. Neben der Verrottung und Huminstoffsynthese ist die Abtötung gefährlicher pathogener Mikroorganismen, wie sie im Müll und unvergorenem Klärschlamm vorkommen können, ein wichtiger Aspekt der Müll-Klärschlamm-Kompostierung.

Wie wir im Kapitel über die Fähigkeiten der Mikroorganismen erfahren haben, gibt es nichts Natürliches, das ihrer »Freßlust« widerstehen könnte. Unser normaler Hausmüll besteht zu etwa 10–15% aus Küchenabfällen, zu 30–40% aus Papier, zu 5% aus Kunststoffen, zu 15% aus Glas, zu 3–10% aus Metallen und zu 10–30% aus Asche. Dies sind grobe Durchschnittswerte; die Zusammensetzung von Hausmüll variiert sicher in Abhängigkeit vom Entstehungsort (Großstadt-Zentrum, Vorort-Wohnsiedlung einer Kleinstadt) erheblich. Hausmüll dieser Zusammensetzung ist mikrobiell durchaus verwertbar, wenn eine Aussortierung von Glas, Metallen und Kunststoffen erfolgt. Dafür gibt es Verfahren, die bei einer getrennten Erfassung der Hausmüllanteile bis zu einem gewissen Grade bereits umgangen werden können: Ansonsten sind Küchenabfälle für Mikroorganismen Leckerbissen und Zellulose in Form von Papier oder Holz bzw. entsprechender Textilien ebenso mikrobiologisch gut abbaubar. Wir erinnern uns, daß auch Materialien aus Kautschuk, Leder, ja sogar Baustoffe, Gläser und Metalle von Mikroben angegriffen werden. Bei einer Kompostierung muß dieses Schwerverdauliche aber aussortiert werden, da die Zersetzungszeiten anorganischer Materialien natürlich wesentlich länger sind als die der organischen Komponenten. Hier muß man sich für Recycling oder geordnete Deponie entscheiden.

Bei der Kompostierung werden die ansonsten mitunter schädlichen, weil zerstörerischen, vielfältigen Stoffwechselmöglichkeiten der Mikroorganismen zu willkommenen Tugenden. Der Mensch schafft im Kompostierungsverfahren den Mikroben jene Bedingungen, welche diese für eine möglichst rasche Umsetzung seiner Abprodukte benötigen. Hierbei wird genau das getan, was jeder Kleingärtner mit seinem Komposthaufen auch tut: Die Abfälle werden zerkleinert und mit bereits vorhandener Komposterde durchmischt. Sodann wird das Ganze mit Erde abgedeckt und bei Bedarf angefeuchtet.

Bei der Kompostierung im großen Maßstab wird der zerkleinerte Hausmüll mit Schlamm aus Kläranlagen gemischt. Dadurch wird das Gemisch mit den Bakterien beimpft. Zudem liefert der Klärschlamm den für die Vermehrung der Mikroorganismen wichtigen Stickstoff, da die Hausmüllanteile meist zwar kohlenstoffreich, dafür aber stickstoffarm sind. Mit verschiedenen Methoden wird dann für Sauerstoff und Wasser gesorgt und der Kompostierungsprozeß ist bald schon in vollem Gange. Je nach der angewandten Methode dauert der sogenannte Rotteprozeß insgesamt einige Wochen, mitunter bis zu einem halben Jahr. Bei einfachen Technologien dauert das Ganze eben etwas länger, dafür benötigt man einen geringeren Energie- und Kontrollaufwand. Für schnelle Verfahren (dort, wo pro Zeiteinheit sehr viel Hausmüll umgesetzt werden muß) gibt es vollautomatische computergestützte Technologien.

In jedem Fall aber ist das Produkt ein Müll-Klärschlamm-Kompost mit einem mehr oder weniger hohen Humusstoffanteil, der als wertvoller Dünger in der Landwirtschaft Verwendung findet. Er dient der Zufuhr von Nährstoffen, insbesondere der Nachlieferung im Boden abgebauter Huminstoffe und trägt gleichzeitig zur Stabilisierung der Bodenstruktur bei. In Abhängigkeit von der Bodenart können in mehrjährigem Abstand 50 bis 200 m³ Kompost/ha landwirtschaftlicher Nutzfläche verwendet werden.

Bevor wir einem modernen Müllkompostwerk – also einem biotechnologischen Großbetrieb – einen Besuch abstatten, wollen

Abb. 13 Huminsäuren sind hochpolymere Sphärokolloide aus polycyclischen Aromaten, an die Aminosäuren, Fettsäuren, Alkane und Metall-Ionen angelagert sind. Sie entstehen durch Polymerisation von Mono-, Di- und Triphenolen, welche durch unterschiedliche biochemische Reaktionen aus den »schwerverdaulichen« Ligninanteilen pflanzlicher Biomasse freigesetzt werden.
Die Huminstoffsynthese erfolgt in der dritten Phase der Kompostierung.

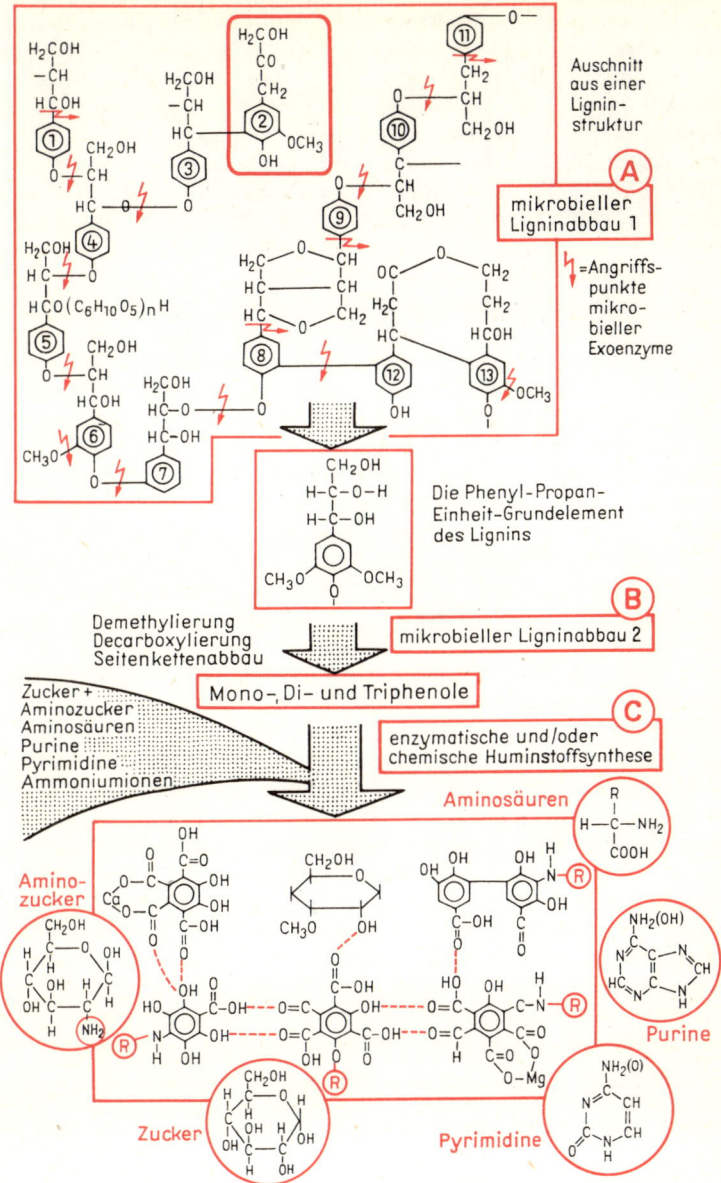

Auschnitt aus einer Ligninstruktur

(A) mikrobieller Ligninabbau 1

⚡ =Angriffspunkte mikrobieller Exoenzyme

$H\overset{|}{C}O(C_6H_{10}O_5)nH$

Die Phenyl-Propan-Einheit-Grundelement des Lignins

Demethylierung
Decarboxylierung
Seitenkettenabbau

(B) mikrobieller Ligninabbau 2

Mono-, Di- und Triphenole

Zucker +
Aminozucker
Aminosäuren
Purine
Pyrimidine
Ammoniumionen

(C) enzymatische und/oder chemische Huminstoffsynthese

Aminosäuren

Aminozucker

Purine

Pyrimidine

Zucker

77

wir uns die mikrobiologischen Vorgänge in einem Komposthaufen genauer ansehen. Aus eigener Erfahrung im Garten wissen wir vielleicht, daß die Erhitzung im Innern des Komposthaufens für den Rotteprozeß wichtig ist. Die Kompostierung ist erst nach dem Abkühlen abgeschlossen. Der Verrottungsprozeß läßt sich in drei Abschnitte einteilen. Diese werden zwar in Abhängigkeit von der angewandten Technologie unterschiedlich schnell durchlaufen, sind aber in ihrer Abfolge eine mikrobiologische Gesetzmäßigkeit.

In der ersten Phase werden von den Mikroorganismen alle »leichtverdaulichen« Stoffe wie Einfachzucker, Disaccharide, Aminosäuren, Eiweiße und einige Polysaccharide verstoffwechselt. Der Gehalt an organischer Substanz nimmt dabei um die Hälfte ab, weil die Mikroorganismen etwa ebensoviel organische Substanz für die Energiegewinnung »verbrennen« müssen. Da bei der mikrobiologischen Oxidation der Kohlenstoffanteil betroffen ist (Endprodukte sind Kohlendioxid und Wasser) reichert sich also Stickstoff im Kompost an. In dieser Phase dominieren mesophile Mikroben, deren Temperaturoptimum im Bereich zwischen 20 und 50 °C liegt. Die Temperatur steigt in den ersten zwei bis drei Tagen auf Werte von 70–80 °C an. Damit tritt der Rottungsprozeß in seine »thermophile Phase« ein. Bakterien und Pilze, deren Temperaturoptima zwischen 40 und 75 °C liegen, beherrschen nun das Geschehen. In dieser Phase werden die schwer abbaubaren pflanzlichen Lignine angegriffen. Gleichzeitig werden durch die hohen Temperaturen mesophile pathogene Keime abgetötet: Der Kompost wird »hygienisiert«. Beim Abbau des Lignins entstehen vor allem Mono-, Di- und Triphenole, die nach entsprechender Aktivierung in der dritten Phase der Kompostierung zu den sogenannten Huminstoffen kondensieren. Gleichzeitig sinkt die Temperatur ab. Durch diese Reaktion kommt die dunkle Färbung des »fertigen« Komposts zustande. Huminsäuren sind hochpolymere Sphärokolloide, deren Kerne aus polycyclischen Aromaten bestehen. An diese sind Proteine, Phenole, Aminosäuren sowie aliphatische Kohlenwasserstoffe angelagert. Metallionen wie Fe, Al, Mn und Ca komplettieren diese kolloidale Substanz (Abb. 13). In der »Abkühlungsphase« kommt es nochmals zur Entwicklung mesophiler Bakterien- und Pilzarten. Während der erste Abschnitt der Kompostierung durch sehr hohen Sauerstoffverbrauch gekennzeichnet ist, wird in der dritten Phase nur noch sehr wenig Sauerstoff benötigt.

Großtechnische Verfahren zur Kompostierung von Hausmüll-Klärschlamm-Gemischen gibt es in vielfältiger Form. Sie reichen

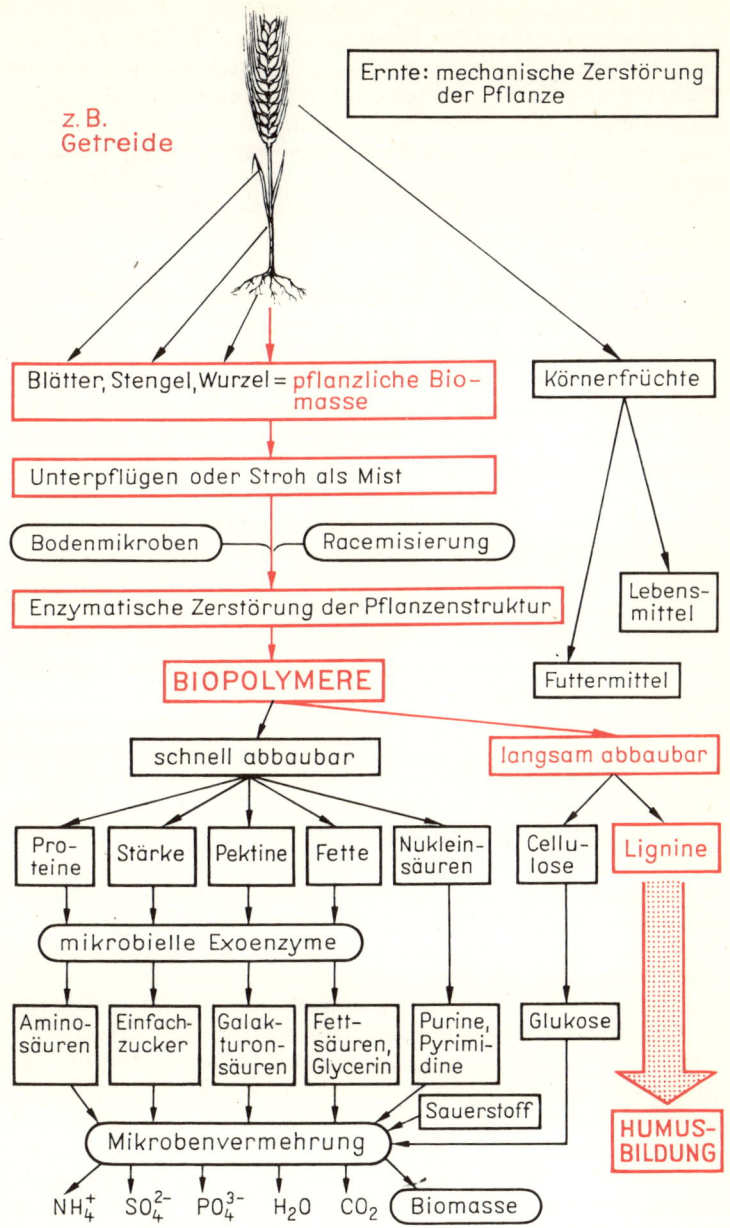

z. B. Getreide

Ernte: mechanische Zerstörung der Pflanze

Blätter, Stengel, Wurzel = pflanzliche Biomasse

Körnerfrüchte

Unterpflügen oder Stroh als Mist

Bodenmikroben — Racemisierung

Enzymatische Zerstörung der Pflanzenstruktur

Lebensmittel

BIOPOLYMERE

Futtermittel

schnell abbaubar | langsam abbaubar

Proteine | Stärke | Pektine | Fette | Nukleinsäuren | Cellulose | Lignine

mikrobielle Exoenzyme

Aminosäuren | Einfachzucker | Galakturonsäuren | Fettsäuren, Glycerin | Purine, Pyrimidine | Glukose

Sauerstoff

Mikrobenvermehrung

NH_4^+ SO_4^{2-} PO_4^{3-} H_2O CO_2 Biomasse

HUMUSBILDUNG

79

von der ganz ursprünglichen Form der Haufenkompostierung bis zu kontinuierlichen Schnellkompostierungsverfahren in hochinstrumentierten Bioreaktoren mit automatischer Steuerung der Prozeßparameter. Alle Verfahren, von der Einfachtechnologie bis zum computergesteuerten Reaktor existieren nebeneinander. Es ist somit der Werdegang dieser Technologie sehr gut zu verfolgen.

Das einfachste Verfahren ist die Kompostierung in Mieten. Nach dem Entfernen nichtverrottbarer Materialien und entsprechender Zerkleinerung des Hausmülls wird dieser mit Klärschlamm gemischt und in Mieten mit einer Höhe von etwa 1,3 m gelagert. Die insbesondere in der ersten Phase der Kompostierung notwendige Sauerstoffversorgung wird durch Umlagern mit Erdbewegungstechnik (Schaufellader, Bagger) erreicht. Der Kompostierungsvorgang mit Vorrotte (Phase 1) und Nachrotte (Phase 3) ist nach etwa 6 Monaten abgeschlossen und der so gewonnene Fertigkompost kann als Düngemittel eingesetzt werden.

Eine weiterentwickelte Prozeßvariante stellt das sogenannte Brikollare-Verfahren dar. Hierbei wird der Hausmüll stark zerkleinert und mit Klärschlamm zu Formlingen verpreßt. Diese durchlaufen Phase 1 bei einem Wassergehalt von etwa 50 % und einem Temperaturanstieg auf 70 °C innerhalb von zehn Tagen. Der Verrottungsprozeß ist nach 3 Wochen beendet, und der so entstandene Frischkompost wird in aufgelockerter Form in Mieten zur Nachrotte gebracht.

Eine wesentliche Weiterentwicklung des Kompostierungsverfahrens vor allem im Hinblick auf eine Prozeßkontrolle stellt die Zellenrottung mit dem »Blaubeurer-Atemverfahren nach Dr. Spohn« dar. Zerkleinerter Hausmüll im möglichst gleichmäßigen Gemisch mit Klärschlamm wird in Betonzellen, die einen durchlöcherten Boden haben, eingefüllt, Die einsetzende Kompostierung wird durch eine Sauerstoffmessung in der Zellenluft verfolgt. Sinkt der Sauerstoffgehalt der Zellenluft infolge des starken Verbrauchs in Phase 1 auf etwa 10–12 % ab, so wird Frischluft von oben nach unten durch die Zelle und damit durch das Rottensubstrat gesaugt. Dies geschieht so lange, bis der Sauerstoffgehalt der Zellenluft den »Normalgehalt« der Luft von 23 % erreicht hat. Diese Möglichkeit der Regulierung des Fermentationsprozesses entspricht den Gegebenheiten modernerer Fermentationskontrolle. Nach zwei bis drei Wochen wird der so erhaltene Frischkompost umgefüllt und erfährt hier eine vier bis sechswöchige Nachrotte.

Die geschilderten Verfahren sind gekennzeichnet durch ihre

relative Einfachheit. Dadurch sind die Investitions- und Betriebskosten für diese Verfahren im Vergleich zu den sogenannten dynamischen Behältersystemen geringer, der Rotteprozeß dauert dafür länger, die Kompostierungsrate ist relativ gering.

Dort, wo pro Zeiteinheit sehr viel Müll und Klärschlamm anfallen, wie beispielsweise in Großstädten, sind hocheffektive Kompostierungen mit hohen Kompostierungsraten gefragt. Diese können nur in Einrichtungen erreicht werden, in denen das Kompostierungsgut nach größtmöglicher Homogenisierung ständig in Bewegung gehalten und dadurch stets gleichmäßig mit genügend Sauerstoff versorgt wird. Darüber hinaus ist eine Prozeßkontrolle auch im Hinblick auf den Wassergehalt des Kompostierungsgutes notwendig. Dies alles erfordert große Investitionen und einen hohen Energieaufwand. Deshalb gehen die Bestrebungen dahin, durch den Einsatz speziell für diesen Zweck gezüchteter Mikroben das Spektrum an abbaubaren Substanzen zu erhöhen. Damit würden Sortieranlagen, geordnete Deponien und Müllverbrennungsanlagen entlastet und die Rentabilität der Müllkompostwerke erhöht. Obschon es viele grundlagenwissenschaftlich sehr wertvolle Ergebnisse hinsichtlich des mikrobiellen Abbaus hochpolymerer Kunststoffe gibt, ist der Einsatz solcher Mikroben aufgrund der »gemischten« Bedingungen in der Müllkompostierung noch nicht Praxis.

Die dynamischen Behältersysteme sind Kompostwerke mit hohem Technisierungsgrad. Hier verläuft (fast) alles automatisch über verschiedene Sensoren kontrolliert und durch entsprechend programmierte Computer gesteuert. Vom ersten Schritt der Kompostierung, der Vorzerkleinerung des Mülls in verschiedenartigen Mühlen, über Siebung und Rückgewinnung von Eisen und Nichteisenmetallen bis zur Vermischung des so aufbereiteten Mülls mit Klärschlamm in Trommelmischern und Knetern laufen alle Vorgänge automatisch ab. Die Vorbereitung des Mülls für die Rottung ist für alle dynamischen Behältersysteme gleich (Abb. 14).

Im »Klappboden-Zellen-Verfahren« wird das so vorbereitete Substrat in die oberste Etage eines zehnstöckigen Bauwerks, in dem die Klappboden-Zellen übereinander angebracht sind, befördert. Die Kompostierung erfolgt dort ein bis drei Tage in einer Schicht von etwa 0,8 m Höhe. Danach wird das Rottegut durch den geöffneten Klappboden in die nächsttiefere Etage befördert. Nach etwa 6 Wochen verläßt der Fertigkompost das Gebäude sozusagen durch die Haustür. In jeder Etage werden der Bedarf an Feuchtigkeit und Sauerstoff entsprechend der gemessenen Temperatur geregelt. Da die Temperatur während der Kompostierung

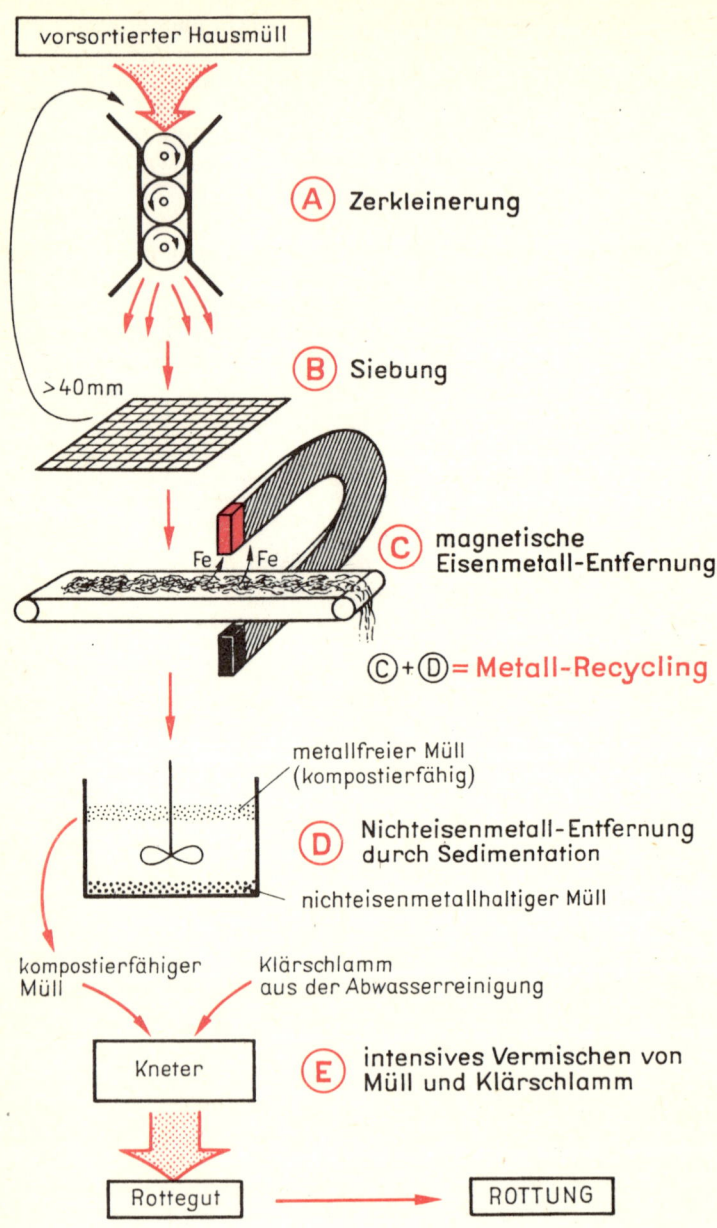

vorsortierter Hausmüll

A Zerkleinerung

>40mm

B Siebung

Fe ↑Fe

C magnetische Eisenmetall-Entfernung

Ⓒ+Ⓓ = **Metall-Recycling**

metallfreier Müll (kompostierfähig)

D Nichteisenmetall-Entfernung durch Sedimentation

nichteisenmetallhaltiger Müll

kompostierfähiger Müll

Klärschlamm aus der Abwasserreinigung

Kneter

E intensives Vermischen von Müll und Klärschlamm

Rottegut → ROTTUNG

einen charakteristischen Verlauf zeigt, ist allein mit ihrer Messung im Rottegut der Zustand der Kompostierung feststellbar. Es können aber auch noch andere Parameter wie der Sauerstoffgehalt der Zellenluft für die Beurteilung und Regelung der Kompostierung herangezogen werden. Das Verfahren kann halbkontinuierlich betrieben werden: In dem Maße, wie das Rottesubstrat im Turm von Etage zu Etage nach unten rutscht, wird oben frisches Müll-Klärschlamm-Gemisch nachgefüllt. Während bei dem Klappboden-Zellen-Verfahren das Rottegut nur während seiner Wanderung von einer Etage in die nächsttiefere bewegt und durchmischt wird, arbeiten die modernsten und effektivsten kontinuierlichen Müllkompostierungsverfahren bei ständiger Bewegung des Substrates.

Der Turmbehälter mit Etagenboden ist eine Weiterentwicklung der Klappboden-Zellen: Das Rottegut wird durch Rechen in den einzelnen Etagen, in denen es in relativ dünnen Schichten (45 cm) lagert, ständig durchmischt und, wenn es den gewünschten Kompostierungsgrad erreicht hat, durch eine Öffnung im Etagenboden in die nächst tieferliegende Etage geworfen. Dort wird es wiederum ständig mechanisch durchmischt. Die Luft wird von unten nach oben durch den zylindrischen Turm geleitet. Bereits nach 24 Stunden ist ein homogener Frischkompost entstanden.

Eine Großanlage in den USA lieferte in New York in den siebziger Jahren 150 t Frischkompost pro Tag. Das Trommelverfahren, das als »DANO-Biostabilisator« Rottezeiten von 24 bis 36 Stunden erreicht, arbeitet seit langem in Europa mit großer Zuverlässigkeit. Bei diesem Verfahren wird durch ein rotierendes endloses Schraubengewinde das Rottegut innerhalb des Turmes nach oben gehoben und fällt, der Schwerkraft folgend, langsam zurück. Durch diesen »Kugelmühleneffekt« kommt es zu homogener Durchmischung und Zerkleinerung des Materials.

Die ständige Bewegung des Rottegutes ist natürlich eine energieaufwendige Angelegenheit. Der »etagenlose Turm« nutzt die Schwerkraft und läßt sie sozusagen »wohldosiert« auf einer wendeltreppenähnlichen schiefen Ebene wirken. So wandert das Rot-

Abb. 14   Die Verarbeitung von vorsortiertem Hausmüll zum Rottegut erfolgt über Zerkleinerung (A), Siebung mit Rückführung zu groben Materials (B), die Metall-Recyclingschritte (C und D) und schließlich das intensive Vermischen von kompostierfähigem Müll und Klärschlamm (E). Für alle Schritte gibt es unterschiedliche technische Lösungsmöglichkeiten entsprechend der zu verwertenden Müll-Art.

tegut im Luft-Gegenstrom von oben nach unten durch den Turm. Für diese Wanderung benötigt es 10–14 Tage. Dieses Verfahren ist besonders als »TRIGA-Hygienisator« in Frankreich bekannt.

Auf einen wichtigen Aspekt der Kompostierung soll am Schluß dieses Kapitels noch hingewiesen werden. Sowohl Hausmüll als auch nichtstabilisierter Klärschlamm enthalten große Mengen pathogener Bakterien. In der Kläranlage werden diese durch den Stabilisierungsprozeß, beispielsweise durch eine anaerobe Methangärung, abgetötet. Der Prozeß der Kompostierung ist eine sehr effektive Art, die mesophilen pathogenen Keime unschädlich zu machen: Durch die Selbsterhitzung auf Temperaturen zwischen 70 und 80°C kommt es zur Abtötung gefährlicher Mikroorganismen. Kompostierung ist also nicht nur Müllbeseitigung und Humusdüngergewinnung, Kompostierung hat auch eine wichtige hygienische Funktion zu erfüllen.

Probleme mit dem Abwasser?

»Nirgendwo wird deutlicher als im Bereich der biologischen Abwasserreinigung, wie wichtig die gemeinsame Arbeit von Mikrobiologen, Biochemikern und Verfahrenstechnikern für den Erfolg der Biotechnologie ist.«
(aus Gottschalk u. a. 1986)   *Christian Wandrey*

Wohl kaum einen Mangel bekommen wir Menschen so deutlich zu spüren wie den an Wasser. »Durst ist schlimmer als Heimweh«, ein geflügeltes Wort, das zeigt, wie schlimm Heimweh ist: nämlich fast so schlimm wie Durst.

In Gebieten, in denen man den Durst als lebensbedrohliche Situation und den Wassermangel als tägliche Sorge kennt, haben die Menschen zahlreiche Riten als Gesten der Verehrung des Wassers und seiner Götter. Die Beziehung des Menschen zum feuchten Element, der dort lebt, wo das Wasser – wie in Mitteleuropa – eigentlich immer reichlich fließt, resultiert aus der in der Regel freien Verfügbarkeit von Wasser (meist in Trinkwasserqualität) und ist entsprechend oberflächlich.

Daß sauberes Wasser eigentlich ständig vorhanden ist, liegt daran, daß die Natur schmutziges Wasser selbst reinigt. Auf diese Selbstreinigungskraft von Flüssen und Seen haben wir uns – besonders in den letzten hundert Jahren – allzu oft verlassen und häufig Grenzen überschritten: Selbstreinigungsgrenzen. Und so kennen wir spätestens seit der Mitte des vorigen Jahrhunderts Abwasserprobleme.

Wenn wir davon ausgehen, daß in der Natur, in unseren Flüssen und Seen und im Boden, eine intensive Selbstreinigung des Wassers stattfindet, müssen wir uns natürlich fragen, wie eigentlich Probleme mit dem Wasser entstehen. Wir erleben Wasserprobleme nicht als Wassermangelprobleme, etwa im Sinne von Trinkwassermangel. Noch steht die Frage nicht »Woher mit dem Trinkwasser?«, sondern eher nach dem Titel eines Buches von Rudolph Randolph »Wohin mit dem Abwasser?«.

Das für unser Leben notwendige Wasser steht uns also in der entsprechenden Qualität zur Verfügung – wenn wir einmal von Havariefällen absehen, in deren Folge es schon einmal kurzzeitig knapp werden kann. »Knapp« bedeutet aber für die meisten von uns, daß es nicht unbegrenzt fließt. So kann es in heißen Sommern so weit kommen, daß man das Auto nur nachts mit Trinkwasser waschen kann, will man nicht riskieren, gerügt zu werden.

Für den Abwasserfachmann stellt sich die Situation sicher ganz anders dar: Er hat ja von Berufs wegen dafür zu sorgen, daß Wasser – sauberes Wasser – stets unbegrenzt fließt. Ihm steht in der Regel eine effektive Recycling-Technologie zur Verfügung. Infolge des ständig steigenden Wasserverbrauchs in Industrie, Landwirtschaft und Haushalt kann er da auch schon mal an seine Grenzen kommen. Zum Beispiel in solchen Gebieten, in denen das Brauchwasser siebenmal (statistisch) genutzt werden muß, mit anderen Worten, der Bedarf siebenmal höher ist als die verfügbare Wassermenge. Hier liegt eines der beiden Probleme: die Abwasserreinigungs- und Trinkwasserbereitstellungs-Technologien müssen effektiviert, Rieseninvestitionen für ein Produkt, das fast nichts kosten darf, getätigt werden.

Und ein weiteres Problem: Die Inhaltsstoffe besonders der Industrieabwässer werden immer problematischer. Während kommunales Abwasser durch die allgegenwärtige und bewährte Mikrobenflora keine Probleme bereitet, wenn es nicht mit giftigen Komponenten und Schwermetallen aus Gewerbe und Industrie verunreinigt wird und auch der Waschmittel- und Tensidgehalt (Tenside sind oberflächenaktive Stoffe wie beispielsweise Spülmittel) sich in Grenzen hält, muß für die Reinigung von Chemieabwässern laufend nach neuen Verfahren gesucht werden. Für die biotechnologische Reinigung solcher Abwässer (die große Vorteile gegenüber chemischen Verfahren haben kann) müssen nun Stoffwechselspezialisten unter den Mikroben zur Verfügung stehen, die mit den vielen künstlichen Verbindungen, wie chlorierten Kohlenwasserstoffen u. v. a. mehr, fertig werden.

Aber – und hier berechtigt ein Blick auf biotechnologische Forschung zu großen Hoffnungen – alle diese Probleme sind lösbar. Mit viel Wissen, Vernunft und Geld. Geld, für das der Mensch in der hochentwickelten Gesellschaft etwas bekommt, an dessen grenzenlose und nahezu kostenlose Verfügbarkeit er sich gewöhnt hat: sauberes Trinkwasser.

Liegt nicht hier die Wurzel vieler Abwasserprobleme?

Wie entstehen Abwässer?

Abwasser entsteht in allen Bereichen unseres Lebens: im Haushalt, im Gewerbekleinbetrieb, in der Landwirtschaft und in der Industrie. Entsprechend dem Verwendungszweck wird Wasser in den verschiedenen Lebensbereichen mit sehr unterschiedlichen Stoffen beladen. Abwasserreinigung muß dieser Tatsache gerecht werden. In der Regel werden Haushaltabwasser und Gewerbeabwasser als »kommunales Abwasser« gemeinsam gereinigt. Die Abwässer aus öffentlichen Einrichtungen wie Großküchen, Gaststätten, Krankenhäusern gehören ebenfalls hierzu. Ihre gemeinsame Entsorgung ist deshalb möglich, weil sie weitgehend gleiche Abwasserbestandteile enthalten: größtenteils Verbindungen, die mikrobiologisch leicht abbaubar sind. Industrieabwässer sind da problematischer: Sie enthalten oft schwer abbaubare Verbindungen

Tabelle 4   *Wobei Abwässer entstehen (»Grundbedarf«)*

	Menge in l/E · d	
	Wasserbedarf	Abwasseranfall
Trinken u. Kochen	3	–
Geschirrspülen	4	4
Wäschewaschen	20	19
Körperpflege	10	10
Baden/Duschen	20	20
Raumreinigen	3	3
WC (Kot, Urin)	20	22
Gesamt	80	78

Mit steigendem Wohlstand erhöhen sich die Werte insbesondere durch Baden/Duschen, Reinigung größerer Wohnungen, Betrieb neuer Haushaltmaschinen, Reinigen von Autos usw.

Tabelle 5 *Der »Grundbedarf« ändert sich mit der Lebensweise*

Verwendung	Liter je Vorgang
Geschirrspülen je Mahlzeit 4–6 Personen	
von Hand	10–25
mit Maschine	20–45
Wäschewaschen (4 kg)	
von Hand	250–300
mit Maschine	100–180
Körperpflege	
Handwaschbecken	2–5
Brausebad	80–140
Wannenbad	200–250
Sitzbad	30–50
Kinderbad	30–40
Toilette	
WC Spülkasten	8–15
WC Druckspülung	6–14
Autowäsche	
mit Eimer	20–40
mit Schlauch	100–200
Hausgartensprengungen an Bedarfstagen	5–10 l/m²/Jahr

in hohen Konzentrationen und müssen deshalb gesondert, meist in betriebseigenen Anlagen gereinigt werden.

Zunächst wollen wir uns unseren ganz »privaten« Abwasseranteil einmal genauer ansehen: In Tabelle 4 ist der persönliche Grundbedarf an Wasser und der dementsprechende Abwasseranfall aufgelistet. Bereits ein flüchtiges Hinsehen zeigt uns, daß diese Auflistung doch etwas knapp bemessen ist. In der Tat schwankt der tägliche Wasserverbrauch pro Einwohner in Abhängigkeit von seinen Lebensgewohnheiten und dem Wohnort. Achtzig Liter pro Tag dürfen deshalb getrost als unterste Grenze angesehen werden. Im allgemeinen rechnet man mit 150–200 l pro Einwohner und Tag. Es wurden aber auch Spitzenwerte bis zu 1 000 l registriert. In Tabelle 5 sehen wir einige Gründe für diese Differenzen. Unsere moderne, hygienische Lebensweise, die einen echten Fortschritt menschlichen Daseins darstellt, erfordert mehr Wasser. Mit steigendem Wohlstand erhöht sich auch der Wasserbedarf des Menschen. Damit werden die hohen Anforderungen an Wasserreinigungsverfahren deutlich. Weiterhin ist hoher Lebensstandard an hohe Produktionsraten gebunden, damit auch an enorm hohe Abwassermengen. Zahlen, die uns zeigen,

Tabelle 6 *Wasserbedarf und Abwasseraufkommen bei der Herstellung einiger lebenswichtiger Produkte aus Industrie und Landwirtschaft*

Produkt	Maßeinheit	Wasserbedarf	Für die Herstellung von 1 kg (1 l, 1kWh) Produkt benötigte Wassermenge (l)
1. Energien, Energieträger und chemische Grundstoffe			
Brikett	1 t	1 500 l	1,5 l
Benzin	1 t	1 500 l	1,5 l
Koks	1 t	2 000 l	2,0 l
Rohöl	1 t	17 000 l	17 l
Schwefelsäure	1 t	50 000 l	50 l
Benzol	1 t	100 000 l	100 l
Elektroenergie	1 000 kWh	30 000 bis 200 000 l	30–200 l
2. Industrie-Polymere			
Buna-Kautschuk	1 t	750 000 l	750 l
Zellstoff	1 t	1 Million l	1 000 l
3. Lebensmittel			
Fleisch	1 t	4 000 l	4 l
Milch	1 000 l	10 000 l	10 l
Butter	1 t	20 000 l	20 l
Zucker aus 1 t Rüben		20 000 l	20 l
Stärke aus 1 t Kartoffeln		20 000 l	20 l
Bier	1 000 l	25 000 l	25 l
Konserven aus 1 t Obst und Gemüse		35 000 l	35 l

wieviel Wasser für die Herstellung verschiedener »typischer« Industrieprodukte benötigt wird, finden wir in Tabelle 6. Wir müssen berücksichtigen, daß bei einem Produkt natürlich Schwankungen infolge unterschiedlicher Technologien auftreten. Die Minimal- und Maximalwerte differieren meist erheblich. Vielleicht liegen in dieser Differenz Reserven industriellen Wassersparens, denn eines ist klar: Wenn Umweltschutz sinnvolle und vertretbare Grenzen nicht überschreiten will, ist vernünftige Sparsamkeit in allem geboten. In der Industrie heißt Sparsamkeit in erster Linie Schaffung von innerbetrieblichen Kreisläufen zur Wiederverwendung von Wasser. Die Sparmöglichkeiten sind auf diesem Gebiet enorm und bei weitem noch nicht ausgeschöpft. Auch hier sprechen Zahlen für sich (Tab. 7).

Über die Abwassermengen der Landwirtschaft, die insbeson-

Tabelle 7   *Innerbetriebliche Rezirkulation ist ein wirksames Mittel, in der Industrie ökonomisch mit Wasser umzugehen.*

Produkt	Wasserbedarf (l) ohne innerbetriebliche Rezirkulation	mit	Wassereinsparung durch Rezirkulation (%)
Elektroenergie (1000 kWh)	219000	31000	~ 86
1 t Briketts	1400	1200	~ 15
1 t Roheisen	23600	1900	~ 80
1 t Rohstahl	10400	5100	~ 50
1 t Zellwolle	556000	234000	~ 60
1 t Garne	132000	47000	~ 65
1 m³ Milch	10700	4200	~ 60
1 t Butter	32400	8500	~ 75
1000 l Bier	23600	22100	~ 6

dere durch die modernen Methoden industrieller Viehhaltung ebenfalls im Ansteigen begriffen sind, müßte gesondert berichtet werden, weil deren Entsorgung aufgrund der sehr hohen Belastung mit verwertbarer organischer Substanz mit herkömmlicher Abwassertechnologie nicht erfolgen kann. Hier ergeben sich auch für die Landwirtschaft selbst neue Aspekte des Recycling. Die Landwirtschaft hat ja erst vor kurzem ihre natürlichen Kreisläufe durchbrochen. Landwirtschaft auf dem Entwicklungsniveau individueller Viehhaltung arbeitet abproduktfrei. Auch heute ist der moderne Bauer natürlich bestrebt, dem Boden das zurückzugeben, was er in Form von Nahrungsmitteln und Viehfutter von ihm erhalten hat. Da die Maßstäbe immer größer und sein natürlicher Dünger immer verwässerter werden, ist es auch in der Landwirtschaft zu Umweltproblemen gekommen. Besonders aber bei landwirtschaftlichen Abprodukten ist Biotechnologie gefragt, denn hier gibt es nur »mikrobiologisch Verwertbares« zu entsorgen.

Weitaus schwieriger gestaltet sich mitunter die Entsorgung industrieller Abwässer. Sie enthalten entsprechend ihrer Herkunft eine ganze Palette von giftigen, teilweise mikrobiell schwer abbaubaren Stoffen. Zur Entsorgung von Abwässern, die derartige Verbindungen enthalten, bedarf es oft »spezieller« Mikroorganismen ebenso wie spezifischer Verfahren. Auch moderne Methoden der Enzymtechnologie sind in der Erprobung.

90

Auf dem Gebiet des Abbaus von Problemstoffen gibt es in den letzten Jahren sowohl im Bereich der wissenschaftlichen Bearbeitung als auch der industriellen Anwendung große Fortschritte. Auch die Gentechnik hat Einzug in dieses wichtige Gebiet gehalten. So werden »Bakterienmischungen« für den Abbau verschiedener Problemstoffe wie Paraffine, Cyanide, halogenierte Aromaten, Amine und Phenole bereits im Handel angeboten. Daher ist heute die Vergiftung von Gewässern nicht mehr Folge von Unwissenheit oder Unfähigkeit der Biotechnologie: Sie kann nur noch durch Unachtsamkeit, verbrecherische Absicht oder durch Havarien entstehen. Für solche Fälle bemühen sich Mikrobiologen und Genetiker um die Konstruktion von »Havariestämmen«, die im Bedarfsfalle in der Lage sind, in die Umwelt gelangte Giftstoffe durch ihre Stoffwechselaktivität zu beseitigen.

Eine weitere Gruppe von Problemstoffen im Abwasser sind die Schwermetalle wie Quecksilber, Arsen, Cadmium, Kupfer, Blei, Nickel und Selen. Sie gelangen durch Kleinbetriebe (Galvanisieranstalten), Havarien, aber auch über Prozeßabwässer der chemischen Industrie und des Bergbaus in unsere Umwelt – wenn sie nicht entsorgt werden. Ein immer größer werdendes Gebiet der Biotechnologie beschäftigt sich mit diesem Problem, und erste Erfolge zeigen sich.

Abwasser als Substrat für Mikroorganismen?

Die vielen verschiedenen Abwässer sind hinsichtlich ihrer Eignung als Substrat für Mikroorganismen (und damit ihrer biotechnologischen Reinigung) unterschiedlich zu beurteilen. Während landwirtschaftliche Abwässer, Kommunalabwässer, Abwässer aus der Lebensmittelindustrie, von Schlachthäusern und Fleischwarenfabriken, Konservenfabriken, Zellstofffabriken und Molkereien aufgrund ihres Gehaltes an natürlichen Inhaltsstoffen einer mikrobiologischen Behandlung meist ohne weiteres und sehr effektiv zugängig sind, gibt es viele Industrieabwässer, die biotechnologisch bisher nicht entsorgt werden können. Dies muß nicht immer daran liegen, daß diese keine mikrobiell verwertbaren Substanzen enthalten. Oft sind »unbiologische« Eigenschaften des Abwassers wie hoher Säure- oder Alkaligehalt, Gehalt an für Mikroorganismen giftigen Stoffen oder auch nur zu hohe Temperaturen hindernd. Um diese Abwässer biologisch zu reinigen, müssen Vor- oder Nachbehandlungen durchgeführt werden. Darüber hinaus gibt es viele Abwässer der chemischen Industrie, die vorwiegend anorganische Verbindungen enthalten, die chemisch durch Fällung der zu entfernenden Komponenten gereinigt werden. Aber auch Abwässer mit organischen Verbindungen, die von Mikroben nicht oder nur sehr schwer gefressen werden, werden vor allem durch chemische Verfahren entsorgt. Säuren oder Laugen »beseitigt« man durch Neutralisation und Fällung. Auch bei den mikrobiologisch bisher uneffektiv oder nicht zu reinigenden Chemieabwässern gibt es Veränderungen: In zunehmendem Maße finden sich Mikroben – besonders Bakterien –, die mit »künstlichen« Verbindungen (wie beispielsweise chlorierten Kohlenwasserstoffen) fertig werden. Auch die Entfernung von Schwermetallen kann mit Hilfe von Bakterien und Hefen betrieben werden.

Anhand von kommunalem Abwasser soll über die Zusammensetzung des Substrates Abwasser berichtet werden. Denn eines kann bereits vorweggenommen werden: Ein Substrat für Mikroben ist es; wenn auch ein mitunter reichlich kompliziertes – für den Abwasserfachmann.

Kommunales Abwasser setzt sich aus dem häuslichen Abwasser, dem Abwasser der örtlichen Gewerbe- und Kleinbetriebe, der Industrie, sofern dessen Beseitigung keine betriebseigene Klärung erfordert, und dem Niederschlagswasser zusammen. Entsprechend sind seine Inhaltsstoffe und seine Beschaffenheit.

Entnimmt man kommunales Abwasser, bevor dies die Kläranlage erreicht, also aus der Kanalisation, so hat es Aussehen und Konsistenz von etwas überstrapaziertem Wischwasser. Dabei kann es auch noch grobe Festbestandteile, die als erster Reinigungsschritt in der Kläranlage »herausgefischt« werden, enthalten.

Wie beurteilt nun der Abwasserfachmann »sein« Abwasser? Er muß ja klären, ob und wie dieses Abwasser biologisch zu reinigen ist! Eine erste Beurteilung kann er treffen, indem er es in einem Meßzylinder eine Weile ruhig stehen läßt: Jetzt trennen sich Schwebstoffe und gelöste Stoffe von absetzbaren Stoffen: Schlamm sedimentiert. Das »Normalabwasser« enthält pro Liter etwa 1 g Schwebstoffe und gelöste Stoffe sowie 0,5 g absetzbare Stoffe. Das ist nicht viel. Immerhin sind dies aber, berechnet auf einen Kubikmeter, etwa 80 g Stickstoff, 20 g Phosphor und rund 60 g Kalium in Form organischer und anorganischer Verbindungen. Hinzu kommen noch etwa 500 g Kohlenstoff in organischen Stoffen.

Aus dieser Sicht ist Abwasser eine gute Nährlösung für Mikroorganismen. Vergleichen wir die Zusammensetzung des kommunalen Abwassers etwa mit der von Nährlösungen für mikrobiologische Produktionsprozesse wie Antibiotika, Futtereiweiß oder Aminosäuren, so ist es eine eher »magere« Brühe. Mikroorganismen sind zu weit größeren Stoffumsätzen in der Lage! Allerdings unter der Bedingung, daß genügend Sauerstoff vorhanden ist. Der Sauerstoff ist das A und O der Abwasserentsorgung mit oxidativen biologischen Verfahren. Die Alternative dazu – anaerobe Gärung – werden wir ebenfalls noch kennenlernen.

Unser »persönlicher« Anteil an diesen Inhaltsstoffen des Abwassers besteht darin, daß in 150–200 l Wasser 100 g gelöste Stoffe, 30 g Schwebstoffe und 60 g absetzbare Stoffe pro Tag pro Person in die Kanalisation gelangen. Für die Dimensionierung einer Kläranlage sind diese Durchschnittswerte von Wichtigkeit. Diese grobe Unterteilung und Abschätzung läßt jedoch noch keine Aussage über biologische Abbaubarkeit zu. Hierfür gibt es biochemische und chemische Methoden. Diese liefern Aussagen über den Gehalt an organischen Stoffen und biologisch abbaubaren organischen Verbindungen. Also letztendlich eine Aussage, wieviel organische Substanz den Mikroorganismen in der Kläranlage zur Verfügung steht. Daraus läßt sich auch errechnen, wieviel Sauerstoff für die Reinigung des Abwassers nötig sein wird.

Das Prinzip dieser Methoden ist folgendes: Die Summe aller im Abwasser enthaltenen organischen Bestandteile kann man dadurch, daß man sie unter definierten Bedingungen oxidiert, bestimmen. Dabei wird der für die Oxidation benötigte Sauerstoff gemessen. Dieser ist dann ein Maß für die Menge organischer Substanz pro Liter Abwasser. Dem Chemiker ist dies als der verbrennbare Anteil fester, brennbarer Proben, deren Zusammensetzung grob bestimmt werden soll, bekannt.

Man kann in unserer flüssigen Probe den Anteil organischer Bestandteile durch Zugabe eines starken Oxidationsmittels sozusagen verbrennen. Dabei entstehen Kohlendioxid und Wasser. Je mehr Oxidationsmittel (in der Praxis verwendet man Kaliumdichromat oder Kaliumpermanganat) verbraucht wird, um so mehr organische Substanz ist in unserer Probe enthalten. Da die Zusammensetzung organischer Substanz (Zucker, Eiweiße u. a. mehr) stets schwankt, gibt man die exakt zu ermittelnde Menge verbrauchten Sauerstoffs aus der verbrauchten Oxidationsmittel-Menge an und hat damit ein Maß für die Abwasserprobe enthaltene Gesamtmenge organischer Substanz. Dieser Wert wird dann als »Chemischer Sauerstoffbedarf« (CSB) oder »Chemischer Sauerstoffverbrauch« (CSV) pro Liter Abwasser mit der Maßeinheit Milligramm Sauerstoff (mg O_2/l) bezeichnet (Abb. 15).

Nun soll in unserer Kläranlage die Beseitigung der organischen Substanz oxidativ durch Mikroorganismen erfolgen (diese lassen sich einfacher als reduziertes Kaliumpermanganat entsorgen und kosten zudem nichts). Wir wissen, daß Mikroorganismen nicht alle organischen Substanzen zu oxidieren vermögen. Den Anteil an mikrobiologisch oxidierbarer Substanz kann man bestimmen, indem man die Abwasserprobe unter definierten Laborbedingungen (bei 20 °C im Dunkeln) der Wirkung der im Abwasser immer enthaltenen Mikroorganismen bei genügender Sauerstoffversorgung in einem Reaktionsgefäß aussetzt und die von den Mikroben verbrauchte Sauerstoffmenge mit einer O_2-Elektrode bzw. chemisch oder manometrisch mißt. Da sich die Mikroorganismen in der Abwasserprobe erst richtig »entfalten«, also anpassen und vermehren müssen, läßt man ihnen fünf Tage Zeit. Der durch die Mikroorganismen des Abwassers bei der biologischen Umsetzung

WARBURG–Apparatur zur BSB_5–Bestimmung

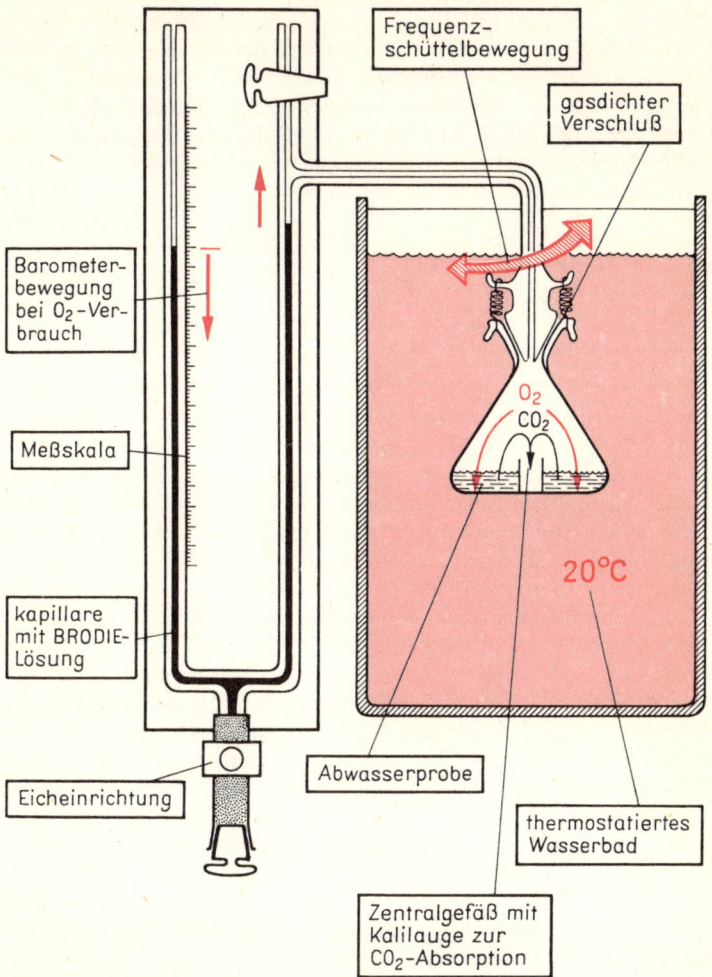

Abb. 15 Manometrische Bestimmung des BSB_5 einer Abwasserprobe mit Hilfe der Warburg-Technik. Die im geschlossenen System auftretenden Druckunterschiede lassen eine exakte Berechnung des für die biologische Oxidation abbaubarer Abwasserinhaltsstoffe benötigten Sauerstoffs zu.

der Schmutzstoffe in fünf Tagen verbrauchte Sauerstoff wird »Biologischer Sauerstoffbedarf« (BSB_5) genannt. Seine Maßeinheit ist wie beim CSB mg O_2/l.

Mit dem CSB und dem BSB_5 hat der Abwasserfachmann eine wissenschaftlich exakte Grundlage für die Beurteilung, ob das Abwasser biologisch zu reinigen ist, oder ob er sich chemischer Verfahren bedienen muß: Er braucht nur BSB_5 und CSB zueinander ins Verhältnis zu setzen. Je größer der Quotient ist, um so besser wird die biologische Reinigung gelingen.

BSB_5 : CSB – Verhältnisse

häusliche Abwässer	etwa 0,5
gewerbliche Abwässer	< 0,5
Abwässer der Nahrungsmittelindustrie	~ 0,7
landwirtschaftliche Abwässer	nahe 1

Die Verhältniszahlen geben an, wie hoch der biologisch oxidierbare Anteil am Gesamtgehalt organischen Materials ist. Liegt der Quotient weit unter 0,5, ist eine biologische Reinigung nicht sinnvoll, oder es muß eine chemische Reinigung vorgeschaltet werden.

Aber auch diese schönen Zahlen haben wie fast alle wissenschaftlichen Ergebnisse ihre »Tücken«, und die Aufgabe des Wissenschaftlers besteht eigentlich darin, die richtigen Schlußfolgerungen aus ihnen zu ziehen.

Ein Beispiel: Ein Abwasser aus der Lebensmittelindustrie hat einen sehr hohen CSB-Wert. Dagegen fällt der BSB_5 sehr niedrig aus. Erste Schlußfolgerung: biologisch nicht abbaubar. Nun wissen wir aber, daß gerade Lebensmittelindustrie-Abwässer wegen ihrer natürlichen »Leckerbissen« besonders gut mikrobiologisch zu entsorgen sind. Hier kann also eine toxische oder hemmende Substanz, die in das Abwasser gelangt ist, die biologische Oxidation unterdrücken! Das Beispiel zeigt, daß es nicht nur auf den Gehalt an abbaubaren Substanzen ankommt, sondern daß der Mensch den Mikroben natürlich auch die entsprechenden Lebens- und Arbeitsbedingungen schaffen muß. Dies ist ein zentrales Problem der Biotechnologie und macht alles mitunter so kompliziert – und hochinteressant. Um den Mikroben ihre Tätigkeit in der Kläranlage zu ermöglichen, müssen diese also vor giftigen Stoffen, Säuren, Schwermetallen, aber auch zu heißem Abwasser geschützt werden. Besonders problematisch sind hierbei Abwässer aus galvanischen Betrieben, Eisen- und Stahlbeizereien, Druckereien und Klischeeanstalten, chemischen Betrieben, in denen biologisch aktive Substanzen wie Desinfektionsmittel hergestellt werden, Fotoanstalten, Reinigungsanstalten, Kokereien, Lederfabriken usw. Diese Abwässer müssen vor der Einleitung in die Kanalisation chemisch entsorgt werden. Oftmals werden sie, insbesondere bei Klein- und Handwerksbetrieben, getrennt erfaßt, gesammelt und entsorgt. Größere Betriebe besitzen eigene Abwasseraufbereitungsanlagen. Wir wissen, daß es gerade auf diesem Gebiet die meisten Vergehen gab und gibt. Erst die Nichteinhaltung von Vorschriften macht das Abwasser zum Problem.

Um den Belastungsgrad verschiedener Abwässer mit biologisch abbaubaren organischen Substanzen miteinander vergleichen zu können, hat man eine weitere Größe in der Abwassertechnik eingeführt: den sogenannten Einwohnergleichwert. Die Festlegung des Einwohnergleichwertes geht von folgender Tatsache aus: Pro Einwohner fallen täglich soviele mikrobiologisch oxidierbare organische Substanzen an, daß für deren Verwertung 60 g Sauerstoff benötigt werden. Damit haben wir eine Möglichkeit, die Belastung der Abwasseranlage durch verschiedene Produktionszweige unabhängig vom Abwasservolumen miteinander zu vergleichen. Dazu wird die Abwasserlast (der BSB_5 in Einwohnergleichwerten) zu Grunde gelegt:

1 Einwohnergleichwert = 60 g BSB_5/d
Ein Einwohnergleichwert ist die Schmutzfracht, deren Reinigung 60 g Sauerstoff pro Tag erfordert.

In Tabelle 8 sind die Einwohnergleichwerte verschiedener Produkte aus Industrie und Landwirtschaft zusammengestellt. So läßt sich beispielsweise erkennen, daß bei der Herstellung von 1 000 l Bier soviel abbaubare organische Substanz anfällt, wie von 150–350 Einwohnern pro Tag »produziert« wird. Für den Abbau dieser Substanzen werden 9 kg–21 kg Sauerstoff benötigt.

Mit diesen Zahlen befinden wir uns direkt im Hauptproblem oxidativer Abwasserentsorgung: Es dreht sich (fast) alles um den Sauerstoff!

Wir wollen uns die gewaltige Aufgabe der Abwasserbiotechnologie nochmals an einem einfachen Beispiel, dem Abwasseranfall im Haushalt und seiner Beseitigung vor Augen führen: Pro Tag liefert ein jeder von uns soviel abbaubare organische Substanz ins Abwasser, daß für deren Oxidation durch die Abwassermikroben 60 g Sauerstoff benötigt werden. Das Ganze befindet sich in rund 200 l Abwasser. Tabellenbücher der Chemie helfen uns weiter: In 200 l Wasser lösen sich unter Normaldruck bei 20 °C 1,77 g Sauerstoff. Dies ergibt ein Defizit zwischen benötigtem und vorhandenem Sauerstoff von 58,23 g! Fazit: der Abwasserbiotechnologe muß in diese rund 200 l 58,23 g Sauerstoff einblasen. Oder er überläßt es der Natur: Dann muß er die 200 l Abwasser auf rund

Tabelle 8 *Bei der Herstellung verschiedener Produkte anfallende BSB_5-Einwohnergleichwerte und deren Sauerstoffbedarf für die aerobe biologische Abwasserentsorgung*

Produkt	Einwohner-Gleichwerte	Zur biologischen Reinigung benötigte O_2-Menge	Wassermenge, in der der benötigte O_2 unter NB gelöst ist [1]
	1	0,060 kg	6,8 m³
1000 l Milch	25–70	1,5–4,2 kg	170–475 m³
1000 l Bier	150–350	9–21 kg	1010–2370 m³
1 t Wolle	2000–4500	120–270 kg	13500–30500 m³
1 t Papier	200–900	12–63 kg	1350–7120 m³
1 GV Rind	14,5 pro Tag	0,9 kg	105 m³
1 GV Schwein	12,5 pro Tag	0,75 kg	85 m³
1 GV Geflügel	25 pro Tag	1,5 kg	160 m³

NB = Normalbedingungen (1 atm., 20 °C)
GV = Großvieheinheit (= 500 kg Lebendgewicht)
[1] unter Zugrundelegung eines Sauerstoff-Lösungswertes von 8,84 mg O_2/l unter Normaldruck bei 20 °C

7000 l mit »reinem« Wasser verdünnen. Dieses Verdünnen kann dort praktiziert werden, so pro Person und Tag 7000 Liter Wasser zur Verfügung stehen und der Selbstreinigung überlassen werden können. Das ist in unseren Städten nicht mehr möglich. Zumal die Industrie (siehe Tab. 8) dazu beiträgt, daß in einer 500000 Einwohner-Stadt schnell noch eine Million Einwohnergleichwerte hinzukommen!

In diesen nüchternen Zahlen liegt die Begründung (wenn eine solche noch nötig wäre) dafür, daß Abwasser nicht mehr der Selbstreinigungskraft unserer Flüsse anvertraut werden kann. Andererseits ist hier auch die Anforderung an Abwasserbiotechnologie mit Sauerstoff klargemacht: Die Technologie oxidativer mikrobiologischer Abwasserreinigung ist eine Sauerstoff-Versorgungstechnologie (Abb. 16).

Aber das ist nicht ihre einzige Aufgabe: die Abtrennung nicht oxidierbarer Bestandteile des Abwassers und deren Beseitigung und die Aufarbeitung und Verarbeitung des Klärschlamms, denn auch die Abwasserbiotechnologie hat Abprodukte. Eines dieser Nebenprodukte ist die Abluft, die nicht eben gut riecht und ebenfalls entsorgt werden muß.

Abb. 16 Das Hauptproblem oxidativer Abwasserentsorgung: Alles dreht sich um den Sauerstoff. Die Technologie oxidativer biologischer Abwasserreinigung ist eine Sauerstoff-Versorgungs-Technologie.

Jeder von uns produziert in 24 Stunden durchschnittlich 200 Liter Abwasser mit einer Schmutzlast von 60g BSB_5

Der Abwasserfachmann benötigt zur Reinigung dieser 200 Liter, 60g Sauerstoff, die er mit einer entsprechenden Technologie in die 200 Liter einbringen muß!

Beachte:

1. Unter "Normalbedingungen" lösen sich in 200 Litern Wasser 1,77g Sauerstoff.

2. Du bist nicht allein auf der Welt!

LUFT

Wie eine mechanisch-biologische Kläranlage funktioniert

Die Funktionsweise einer Kläranlage können wir uns am besten anhand eines Grundfließbildes und eines Verfahrensschemas verdeutlichen (Abb. 17).

Das Verfahren der mechanisch-biologischen Abwasserbehandlung besteht aus drei bzw. vier Stufen: Vorklärung, biologische Reinigungsstufe und Nachklärung. Teil des Verfahrens, aber nicht unmittelbar in der Abfolge inbegriffen, ist die Schlammbehandlung. Das zentrale Geschehen läuft in der biologischen Reinigungsstufe in einem Bioreaktor ab. Der Bioreaktor hat für die Tätigkeit der Mikroben eine günstige Umgebung zu schaffen: In erster Linie ist es die Sauerstoffversorgung, die durch sehr verschiedenartige Reaktorkonstruktionen entsprechend dem Bedarf der Mikroorganismen realisiert werden muß. Der Sauerstoffbedarf ist direkt proportional der Schmutzfracht des Abwassers (BSB_5). Aufgrund unserer verdichteten Lebensweise ist diese Schmutzfracht immer mehr gestiegen und damit auch der Sauerstoffbedarf der Reinigung. Als Folge dieser Gegebenheiten sind besonders in den letzten Jahren hocheffektive Bioreaktoren mit maximalem Sauerstoffeintrag und optimaler Sauerstoffausnutzung entstanden. Doch zunächst zurück zum Gesamtprozeß!

In der Prozeßstufe »Vorklärung« werden durch Grobrechen und Sandfang sehr grobe Abwasserbestandteile und mitgeführter Sand entfernt. Die groben Bestandteile (das sogenannte »Rechengut«) werden verbrannt, der abgelagerte Sand wird deponiert. Der Sand gelangt übrigens über das Regenwasser in das kommunale Abwasser.

Im Vorklär- oder Absetzbecken wird die Fließgeschwindigkeit des Abwassers so stark erniedrigt (unter 30 cm/s), daß sich die feinen Schlammteilchen am Beckenboden absetzen. Durch mechanische Räumgeräte wird der abgelagerte Schlamm ständig entfernt,

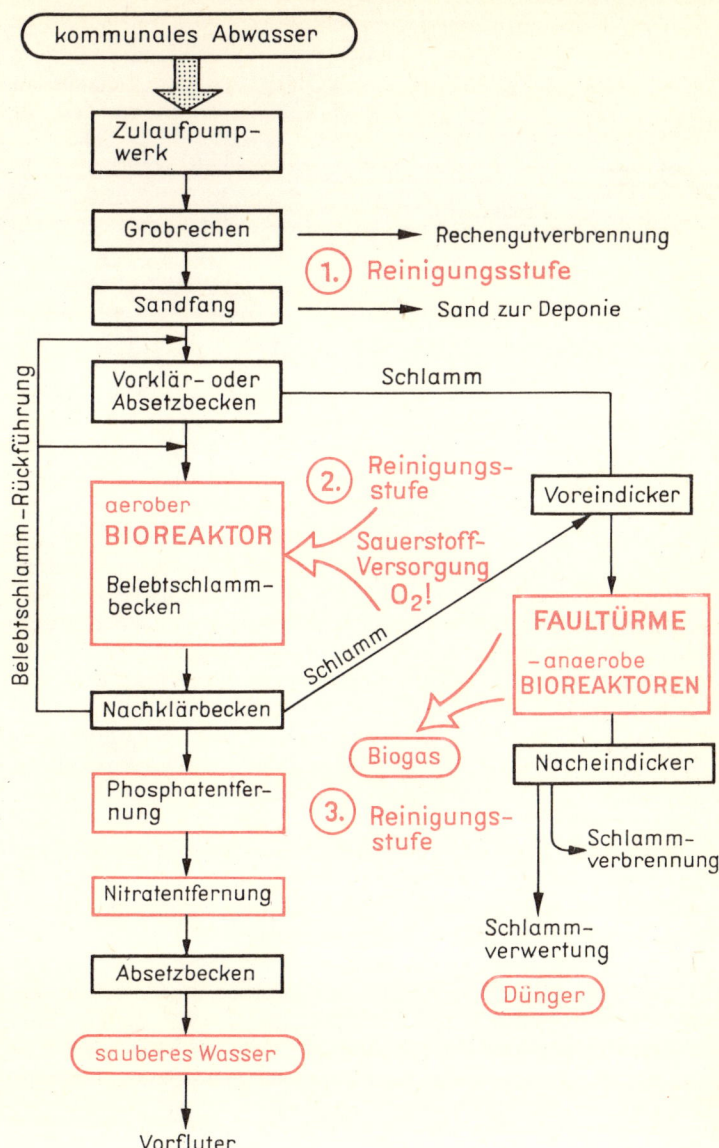

Abb. 17 Grundfließbild einer mechanisch-biologischen Kläranlage für kommunale Abwässer nach dem Belebtschlammverfahren.

um eine Schlammfaulung zu verhindern. Im Absetzbecken werden gleichzeitig aber auch an der Abwasseroberfläche schwimmende Verunreinigungen wie z. B. Fette entfernt. Gemeinsam mit dem Bodenschlamm und dem Überschußschlamm aus der Nachklärungsstufe gelangen diese Stoffe alsdann in die Schlammbehandlung. Das Abwasser verläßt das Vorklärbecken zu einem Drittel bereits von seinem Schmutz gereinigt. Es enthält nun noch die gelösten und halbgelösten Bestandteile, so daß ein trübes Abwasser ohne sinkende Bestandteile den Bioreaktor erreicht.

Im Bioreaktor findet die biologische Oxidation der mikrobiologisch aerob abbaubaren Substanzen zu anorganischen Endprodukten (Kohlendioxid, Wasser, Nitrat, Phosphat) statt. Aber auch Biomasse bildet sich durch die Vermehrung der Mikroorganismen. Wenn wir eine Kohlenstoffbilanz der aeroben Abwasserreinigung aufstellen, sieht diese folgendermaßen aus: 50 % der eingetragenen abbaubaren Substanz wird zu Kohlendioxid, Wasser, Nitrat und Phosphat umgesetzt, 50 % werden zu mikrobieller Zellsubstanz (Biomasse) umgebaut. Diese sich bildende Biomasse wird in der Nachklärung auf die gleiche Art und Weise wie der Schlamm im Vorklärbecken abgetrennt und gemeinsam mit dem Schlamm aus der Vorklärung der Schlammbehandlung zugeführt. Das Wasser, welches das Nachklärbecken verläßt, ist klar und enthält Mineralsalze, Nitrat und Phosphat und (etwa 1 %) der im Bioreaktor gebliebenen Biomasse, denn die Sedimentation im Nachklärbecken ist natürlich nicht hundertprozentig.

Im Verfahrensschema sehen wir, daß ein Teil des Schlammes (besser: der in der Nachklärstufe abgetrennten Biomasse!) als Rücklaufschlamm dem Bioreaktor wieder zugeführt wird. Dies ist notwendig, um die Konzentration des »biologischen Katalysators« im Bioreaktor immer gleichmäßig hoch zu halten. Die Erklärung dafür, daß immer mehr Biomasse aus dem Reaktor entfernt wird, als im Reaktor selbst gebildet wird, liegt im Ziel der Abwasserreinigung, nämlich die Restkonzentration an verwertbarer organischer Substanz so gering wie möglich (möglichst bei Null) zu halten. Das bedeutet, daß die organische Substanz im Bioreaktor die Vermehrungsrate der Mikroorganismen begrenzt. Bei sehr geringer Restkonzentration ist die Vermehrungsrate der Mikroben niedrig – das ist eine mikrobiologische Gesetzmäßigkeit. Weil der Bioreaktor kontinuierlich durchflossen wird (mit einer Geschwindigkeit, die höher als die Zuwachsrate an Biomasse ist), muß ein Teil der Biomasse aus der Nachklärung in den Reaktor rückgeführt werden. Ein wesentliches Merkmal für das mikrobielle Geschehen im Bioreaktor ist, daß die Abbaugeschwindigkeit der organischen Substanz und die Vermehrung der Mikroben (beides läuft ja ganz eng miteinander zusammen) nicht durch das Sauerstoffangebot begrenzt – limitiert – sein darf. Nur unter solchen Bedingungen läßt sich ein größtmöglicher Reinigungseffekt des Abwassers erzielen.

Die oxidative Reinigung von sehr hoch belasteten Abwässern kann auch mehrstufig, d. h. durch Hintereinanderschalten mehrerer Bioreaktoren erfolgen. Dies kann besonders dann nützlich sein, wenn organische Substanzen im Abwasser enthalten sind, die von den Mikroben nicht gleichzeitig, sondern nacheinander gefressen werden. In der ersten Stufe werden dann die Stoffe, die leichter verwertbar sind, verstoffwechselt, in der darauffolgenden die schwerer abbaubaren. Ein solcher hoher Aufwand ist nützlich und sinnvoll, wenn die leichter verwertbare Substanz die Oxidation der schwerer verwertbaren hemmt. Wir sprechen hier von einer »Katabolitrepression« – einer mikrobiologischen Gesetzmäßigkeit, die man mit ausgeklügelter Technologie umgehen kann.

Was im oxidativen Bioreaktor geschieht

Die einfachste und am besten regulierbare mikrobiologische Reaktion, der Umsatz *eines* Substrates in *ein* Hauptprodukt, Kohlendioxid, Wasser und Biomasse durch eine Mikroorganismenart, gemäß der Reaktionsgleichung

Substrat   Produkt
$$A + O_2 + X \rightarrow B + CO_2 + H_2O + X^n$$

kommt nur noch als Praktikumsversuch in der Ausbildung der Studenten vor, in der Biotechnologie sind – u. a. aus ökonomischen Gründen – stets Rohstoffgemische in Gebrauch. Für eine Reaktion, wie sie in der Gleichung angenommen wird, ist heutzutage in der Biotechnologie die Enzymtechnik zuständig.

Nun ist es aber so, daß die Prozeßkinetik immer komplexer und komplizierter wird, je mehr verschiedene Komponenten A darstellt. Wenn das Substrat aus einem Stoffgemisch besteht, von dem nicht alle Einzelkomponenten vom eingesetzten Mikroorganismus verwertet werden können, bleiben die »unverdaulichen« also liegen (Abb. 18). Kommt es uns in erster Linie auf die Bildung des Produktes B an, wird die Situation zu einem ökonomischen Problem: Wenn das Substratgemisch entsprechend billig und B teuer genug ist, läßt sich die Nichtverwertung von Teilen von A in Kauf nehmen.

Da das Produkt der Abwasserreinigung aber sauberes Wasser mit möglichst wenigen Reststoffen ist, muß für die Beseitigung aller Komponenten von A gesorgt werden: Substratgemische erfordern für ihre vollständige und schnelle Umsetzung meist auch Mikrobengemische. Diese braucht sich der Abwasserfachmann bei normalem kommunalen Abwasser nicht zusammenzustellen, sie entstehen dank der Allgegenwart von Mikroorganismen von allein. Die Reaktion eines Mikroorganismus mit einem Substrat

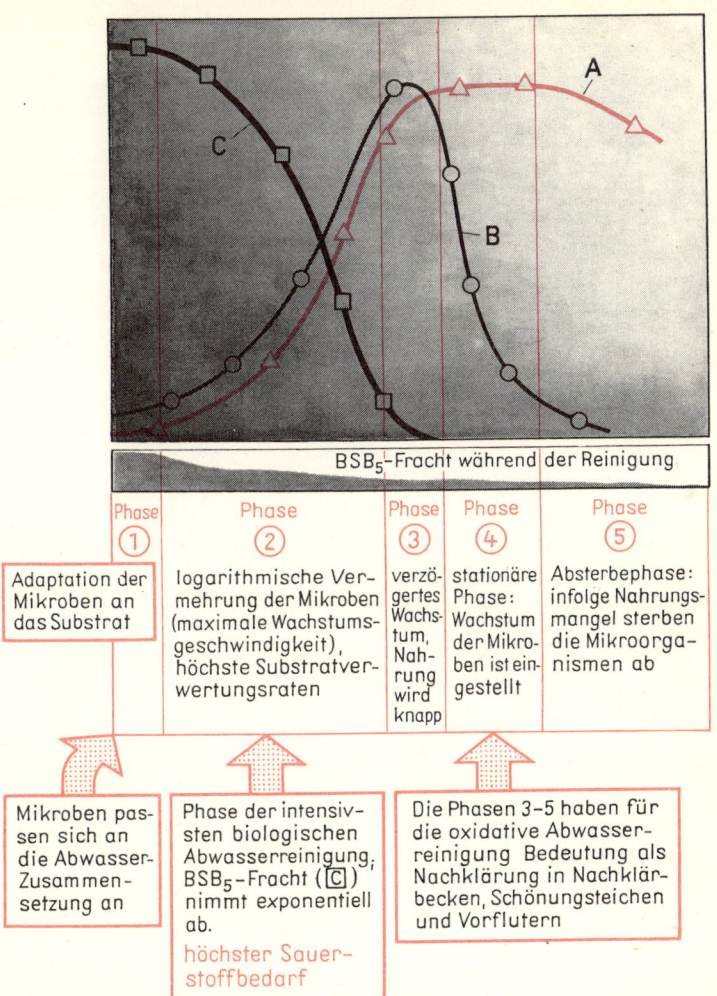

Phase ①	Phase ②	Phase ③	Phase ④	Phase ⑤
Adaptation der Mikroben an das Substrat	logarithmische Vermehrung der Mikroben (maximale Wachstumsgeschwindigkeit), höchste Substratverwertungsraten	verzögertes Wachstum, Nahrung wird knapp	stationäre Phase: Wachstum der Mikroben ist eingestellt	Absterbephase: infolge Nahrungsmangel sterben die Mikroorganismen ab
Mikroben passen sich an die Abwasser-Zusammensetzung an	Phase der intensivsten biologischen Abwasserreinigung; BSB_5-Fracht ([C]) nimmt exponentiell ab. höchster Sauerstoffbedarf		Die Phasen 3–5 haben für die oxidative Abwasserreinigung Bedeutung als Nachklärung in Nachklärbecken, Schönungsteichen und Vorflutern	

Abb. 18   Verlauf der oxidativen Verwertung einer organischen Substanz C durch einen Mikroorganismus A. In dem Maße, wie sich der Mikroorganismus durch die Verwertung des Substrates vermehrt, wächst der Sauerstoffbedarf B. Für den Biotechnologen bedeutet dies einen erhöhten Eintrag von Luft pro Zeiteinheit in den Fermentor. Bei der Verwertung des Substrates Abwasser richtet sich der notwendige Sauerstoffeintrag nach der BSB_5-Fracht.

führt in der Regel zu einer einfachen Reaktionskinetik: in dem Maße, wie das Substrat A verbraucht wird und das Produkt B entsteht, vermehrt sich auch der Mikroorganismus. Mikroorganismen vermehren sich exponentiell – es ergeben sich logarithmische Wachstumskinetiken. Anhand der Prozeßkinetik kann der Biotechnologe den Ablauf der Reaktion steuern: Soll dieser möglichst schnell und vollständig vonstatten gehen, muß er dafür sorgen, daß alle Komponenten der Reaktion – also auch der Sauerstoff, der immer wieder nachdosiert werden muß – im Überschuß vorhanden sind. Die anderen Prozeßparameter wie Temperatur und pH-Wert müssen natürlich den Ansprüchen des Mikroorganismus gerecht werden. Je mehr verschiedene Substrate und Mikroorganismenarten an der Reaktion beteiligt sind, um so komplizierter wird die Prozeßkinetik, da jeder Organismus mit »seinem« Substrat in ganz bestimmter Weise reagiert, sozusagen seine eigene Prozeßkinetik hat. Wenn wir das beherzigen und uns das Substrat Abwasser betrachten, wird klar, wie unendlich schwer die Steuerung des Prozesses der mikrobiologischen Umsetzung aller (verwertbaren) Abwasserkomponenten durch ein Gemisch von verschiedenen Mikroben sein muß.

Nun, immer wenn es zu kompliziert zu werden droht, sind wir zu Vereinfachungen gezwungen: Da wir wissen, daß häusliches Abwasser im Fluß durch die Selbstreinigung ohne unser Zutun von seiner Schmutzlast befreit wird, können wir darauf vertrauen, daß sich eine Mischpopulation von Mikroorganismen im Abwasser von selbst einstellt. Wenn wir weiterhin annehmen, daß jeder Mikroorganismus die von ihm verwertbare Verbindung vollständig umsetzt, vorausgesetzt er hat dafür genügend Sauerstoff zur Verfügung, brauchen wir die Mischpopulation also »nur« mit genügend Sauerstoff versorgen und die »Prozeßbedingungen«, wie Temperatur und pH-Wert, konstant zu halten, um die gewünschte Reinigung zu erhalten.

So einfach ist dies im technischen Verfahren natürlich nicht – aber es funktioniert. Selbstreinigung in Gewässern und Einfachtechnologien zur kommunalen Abwasserentsorgung beweisen dies.

Die Problematik beginnt dort, wo der Abwasseranfall höher ist als die Geschwindigkeit, mit der das Abwasser bearbeitet werden kann. Hier sind Hochleistungstechnologien notwendig. Das zweite Problem sind Industrieabwässer mit schwer abbaubaren Verbindungen. Diese erfordern den Einsatz von Stoffwechselspezialisten. Besonders in diesem Bereich ist die Entwicklung von Hochleistungsreaktoren vorangetrieben worden. Die Bilanz ist gut: Abfallstoffe der chemischen Industrie, die früher eine ständige Bedrohung darstellten, weil ihre Entsorgung mit natürlichen Mischpopulationen von Mikroorganismen nicht oder nur unvollständig erfolgte, werden heute in speziellen Reaktorsystemen von teilweise genetisch veränderten und für diesen Zweck »zurechtgeschneiderten« Mikroben entsorgt.

Je größer die Palette abbaubarer Stoffe im Abwasser, desto artenreicher ist auch die Mikrobenpopulation. Bei kommunalen Abwässern ist sie besonders vielseitig. Industrieabwässer mit oft nur wenigen Substanzen, manchmal einer einzigen Komponente, erfordern dagegen nur wenige Mikrobenarten. Dafür müssen diese aber auch besonders widerstandsfähig sein: »schwierige« Substrate, giftige Nebenprodukte, hohe Metall- oder Salzkonzentrationen, niedriger oder hoher pH-Wert. Industrieabwässer sind weitaus »unwirtlicher« als das »Schlaraffenland« kommunales Abwasser. Deshalb dürfen diese Abwässer nicht ohne weiteres miteinander vermischt werden. Es könnte leicht eine Patt-Situation entstehen: z. B. ein Schlaraffenland mit zu hohem Schwermetallgehalt. Und dann wird es kompliziert.

Während bei den Verfahren zur Reinigung von Abwässern an Oberflächen fester Trägerstoffe (Tropfkörperverfahren) die Mikroben in Form eines schleimigen Mikroorganismenrasens die Oberflächen überziehen, ist die »Belebtschlammflocke« die Lebensgemeinschaft in den sogenannten Belebtschlammverfahren, die auf hohe Umsatzraten hin optimiert sind und vor allem in größeren Klärwerken Anwendung finden. Die »Bakterienrasen« und die »Belebtschlammflocken« bestehen aus Schleimen, die von den Mikroben gebildet werden und in denen sie selbst eingebettet sind. Diese Schleime haben für den Stoffaustausch zwischen Mikroorganismus und Abwasser die Aufgabe eines Adsorptionsmittels: An den Grenzflächen zwischen Abwasser und Schleimschicht werden Inhaltsstoffe aus dem Abwasser an den Schleim angelagert. Der Adsorption folgt ein Abbau polymerer Substanzen durch Exoenzyme, die von den Mikroorganismen ausgeschieden werden. Durch den extrazellulären Abbau polymerer Substanzen in ihre Einzelteile, die Monomeren, werden sie für den Mikroorganismus aufnehmbar: Die Monomeren werden in der Zelle in Energie, Kohlendioxid, Wasser und zelleigene, der Vermehrung dienende Substanz umgewandelt. Die »Abprodukte« Kohlendioxid, Wasser und auch andere Verbindungen, wie NH_4^+, Nitrat, verlassen die Zelle, gelangen zunächst in den umgebenden Schleim und dann ins Abwasser.

Bei der Reinigung hochbelasteter Chemieabwässer, die nur eine oder wenige schwer abbaubare Verbindungen enthalten, nähert sich das Abwasserverfahren immer mehr dem »Ein-Substrat – ein-Organismus – Gefüge« an.

In Abwasserreinigungsanlagen, bei denen die Mikroorganismen als Schleimschicht auf festem Trägermaterial aufsitzen (wie beim Tropfkörper), bevölkern auch bakterienfressende Protozoen, wie Ciliaten (Wimpertierchen) und Flagellaten (Geißeltierchen), die Lebensgemeinschaft. Ebenso sind an lichtzugewandten Oberflächen Grünalgen vorzufinden. Sogar Würmer und Insektenlarven können sich in den langsam arbeitenden Tropfkörperanlagen befinden. Es bildet sich so bereits eine Freßkette vom Bakterium bis zum Insekt aus.

Bei den Belebtschlammflocken garantiert der Artenreichtum die Stabilität der Prozeßführung. Für den Abwasserexperten hat die Arten-Zusammensetzung in der Belebtschlammflocke Indikatorfunktion. Sie gibt Auskunft über den Zustand des Reinigungsprozesses.

Vom Abwasserteich zum Hochleistungs-reaktor – auf den Sauerstoff kommt es an

Die Verfahrensentwicklung in der Abwasserbiotechnologie ist breit gefächert. Die jeweilig angewandte Methode entspricht dem Abwasseraufkommen und seiner BSB_5- bzw. CSB-Last. In jedem Falle geht es darum, die mikrobiologische Reaktion des oxidativen Abbaus organischer Substanz im Abwasser mit genügend Sauerstoff zu versorgen und einen innigen Kontakt zwischen Mikroorganismus und Substrat herzustellen. Dies bedeutet Belüftung und Durchmischung. Man kann noch mehr verallgemeinern: Es muß eine dem Abwasseraufkommen entsprechende aktive Oberfläche zwischen Mikroorganismus, Abwasser und Sauerstoff (Luftsauerstoff) geschaffen werden. Diese ist dort am größten, wo die Mikrobenpopulation als Belebtschlammflocke im gerührten und belüfteten Reaktor mit dem Abwasser in Kontakt kommt. Genaugenommen sind solche Verfahren, bei denen die einzelne Bakterienzelle frei schwimmend im belüfteten Abwasser mit Sauerstoff versorgt wird – wie sie für spezielle schwer abbaubare organische Verbindungen in Abwässern der chemischen Industrie angewendet werden – natürlich am effektivsten, weil hier die aktive Oberfläche am größten ist.

Aber nicht immer ist höchste Effektivität gefragt. Zumal hohe Effektivität auch immer teuer ist. Und so ist also genau abzuwägen, welche Lösung für die anfallende Abwassermenge und ihre Inhaltsstoffe ökonomisch ist. Es wird sich die Rieseninvestition eines Hochleistungsbioreaktors für eine kleine Gemeinde nicht lohnen, eben weil es einfachere und billigere Verfahren gibt, die die in dieser kleinen Gemeinde anfallenden Abwässer ebenso effektiv und gründlich reinigen wie der Hochleistungsreaktor die Millionen CSB_5-Einheiten einer Großstadt oder eines chemischen Großbetriebes. Für kleine Gemeinden können Abwasserteiche bereits das gewünschte Ergebnis liefern: Hier handelt es sich um einen Selbstreinigungsprozeß. Die notwendigen 60 g Sauerstoff pro Tag pro Einwohner werden bei dieser Variante durch Verdünnung des Abwassers auf das notwendige natürliche Volumen, in dem sich diese Sauerstoffmenge »von selbst« löst, zur Verfügung gestellt. Zusätzlich können Abwasserteiche aber auch belüftet und umgewälzt werden. Abwasserteiche enthalten stets auch Wasserpflanzen und Algen, die durch ihre Photosynthesetätigkeit für einen biologischen Sauerstoffeintrag sorgen. Sonderformen des Abwasserteiches sind Schönungs- und Sicherheitsteiche. Sie stellen eine wichtige Kontrollstufe bei der Einleitung entsorgter hochschädlicher Abwässer in den Fluß (Vorfluter genannt) dar. Hier verweilt das gereinigte Abwasser noch einige Tage. In dieser Zeit kann geprüft werden, ob alle schädlichen Bestandteile des Abwassers entfernt sind. Abwasserteiche eignen sich oft auch für eine sekundäre Nutzung: beispielsweise zur Fischzucht.

Eine früh genutzte Möglichkeit der Schaffung großer aktiver Oberflächen stellen die Rieselfelder dar. Sie bestehen aus landwirtschaftlich bearbeiteten Flächen, die aber nicht primär der Gewinnung von Nahrungsmitteln, sondern der Reinigung des Abwassers beim Durchfließen des Bodens und der Grundwasseranreicherung dienen. Rieselfelder gibt es schon seit dem 16. Jahrhundert. Bekannt sind die großen Rieselfelder von Berlin, München und Paris. Der Flächenbedarf ist enorm: Für das Abwasser von 45 Einwohnern wird 1 ha Rieselfeld benötigt! Rieselfelder sind daher in den Millionenstädten einfach überlastet. Die Berliner Rieselfelder haben eine Belastung von 394 E/ha/Tag (E = Einwohnergleichwert), die höchstbelasteten Teile bis 1 000 E/ha/Tag. Dies sind zu verrieselnde Abwassermengen von 64 bzw. 204 m^3 pro Hektar und Tag! Klärwerke mit großer Belebtschlammkapazität wurden, wie die Kläranlage Berlin-Nord in Schönerlinde, notwendig.

Abwasserteiche und Rieselfelder sind Grenzfälle der Biotechnologie. Einerseits bedienen sie sich wie alle biotechnologischen Verfahren der Leistungen von Mikroorganismen und sind von daher biotechnologische Verfahren. Andererseits sind sie aber als Verfahren in zu wenigen Verfahrensparametern beeinflußbar – sie verlaufen weitgehend unkontrolliert. Dadurch kann es zu unerwünschten Störungen kommen. So läßt beispielsweise die Fruchtbarkeit von Rieselfeldern entsprechend ihrer Belastung nach wenigen Jahren nach. Ursachen können Akkumulationen von die mikrobielle Tätigkeit hemmenden, nicht abbaubaren Stoffen wie Schwermetallen sein.

Die Tropfkörperverfahren (Abb. 19) sind nach den Rieselfel-

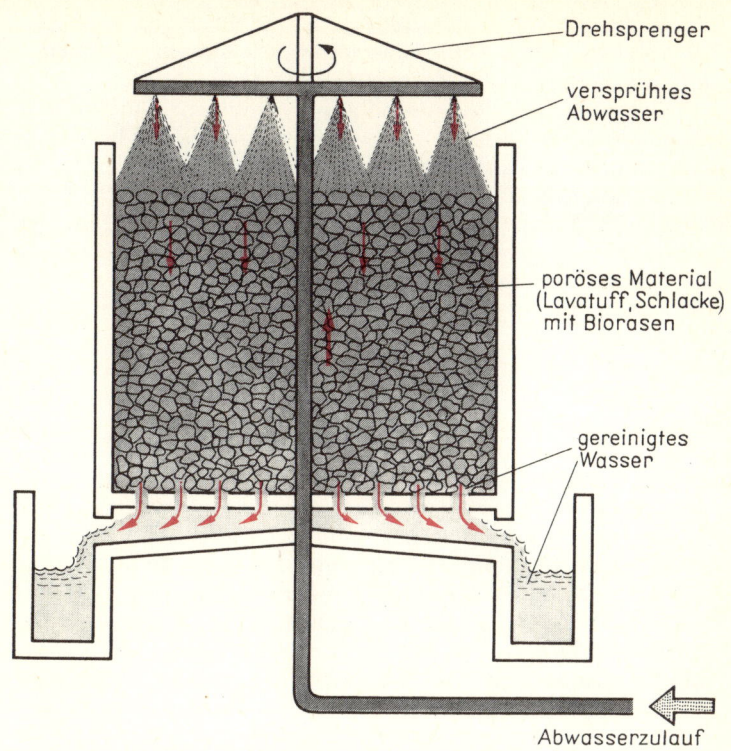

Abb. 19 Schematische Darstellung eines Tropfkörpers, apparatives Kernstück des Tropfkörperverfahrens: Der Tropfkörper entspricht einem flächenverdichteten Rieselfeld. Bei Korngrößen des Füllmaterials von 40–80 mm steht eine aktive Oberfläche von 250 m² pro m³ Füllstoff zur Verfügung. Die Sauerstoffversorgung erfolgt in der Regel durch Luftdurchfluß im Gegenstrom.

dern ein weiterer Schritt zur »echten« biotechnologischen Abwasserreinigung. Der Tropfkörper entspricht einem flächenverdichteten Rieselfeld. Entsprechend den Anforderungen mehr oder weniger groß dimensionierte zylinderförmige Betongefäße (2–20 m hoch und einem Durchmesser: Höhe – Verhältnis von 1:6 bis 1:8) sind mit porösem Material (Lavatuff, Schlacke, Plasteformteile u. a. m.) gefüllt. Bei einer Korngröße des Materials von 40–80 mm steht eine große aktive Oberfläche (bis 250 m²/m³ Füllstoff) zur Verfügung. Diese Oberfläche ist mit einer schleimigen

Schicht (der Zoogloea) bewachsen. In ihr leben Bakterien und Pilze, aber auch höhere Organismen wie Rotatorien, Nematoden und Insektenlarven. Das Abwasser durchläuft den Tropfkörper von oben nach unten. Genügend große Hohlräume und das Temperaturgefälle im Tropfkörper sorgen für ausreichende Belüftung. Der Tropfkörper kann aber auch bei Bedarf künstlich belüftet werden. Technologisch entspricht der Tropfkörper einem »Festbettreaktor«. Dies ist eine Reaktorvariante, bei der der Mikroorganismus auf einem festen Träger aufgewachsen oder angeheftet ist und die Nährlösung mit dem umzusetzenden Substrat ihn umspült. Die Versorgung mit Sauerstoff kann durch Anreicherung der Nährlösung oder durch Luftdurchfluß im Gegenstrom erfolgen.

Ein Nachteil des Tropfkörperverfahrens ist die langsame Ausbildung des biologischen Rasens auf dem Füllkörper. Die Mineralisierung des Abwassers beginnt erst etwa 6 Wochen nach der Inbetriebnahme des Filters. So lange brauchen die Abwasserorganismen, um sich auf dem Füllkörper festzusetzen und einen etwa 1–2 mm starken Schleimbelag zu bilden. Daher sind Tropfkörperverfahren nur für kontinuierliche Entsorgungen, nicht aber beispielsweise saisonal anfallende Abwässer geeignet.

Eine interessante Variante des Tropfkörperreaktors stellt der sogenannte Tauchtropfkörper dar. Hier ist die aktive Biomasse auf runden Scheiben, die in geringen Abständen hintereinander auf einer Achse angeordnet sind, festgewachsen und wird durch Drehung der Scheiben in einer mit Abwasser zur Hälfte gefüllten Kammer einmal mit dem Substrat Abwasser, dann wieder mit Luftsauerstoff versorgt. Das Gerät hat imposante Dimensionen: Die aus außerordentlich leichtem Schaumpolystyrol-Kreisscheiben mit einer Dicke von 0,7–15 mm und einem Durchmesser von 0,6–3 m werden im Abstand von 15 mm auf einer Welle bis zu 7 m Länge angeordnet. Das System bringt eine sehr große Nutzfläche. Bei der geschilderten Dimensionierung ergibt sich auf den Polystyrolscheiben eine aktive Fläche von 10000–15000 m²! Hinzu kommt in der Wanne eine zweite aktive Komponente, die Belebtschlammflocken, die sich bilden, wenn sich »Überschußbiomasse« von den Scheiben löst und frei im Abwasser schwimmt. Wegen dieses äußerst günstigen Belebtschlammanteils wird eine zusätzliche Belüftung durchgeführt. Findige Technologen haben

Abb. 20 Eine interessante Variante des Tropfkörperreaktors stellt der sogenannte »Tauchtropfkörper« dar. Erläuterungen im Text.

Tauchtropfkörper im Längsschnitt

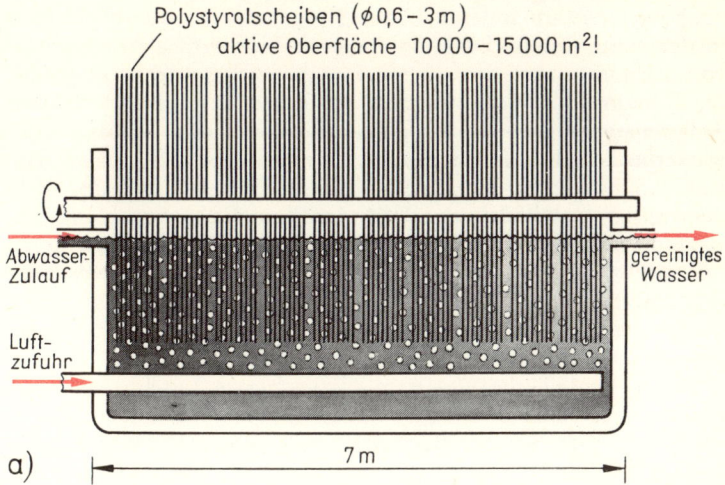

Polystyrolscheiben (∅ 0,6 – 3 m)
aktive Oberfläche 10 000 – 15 000 m²!

Abwasser-
Zulauf

gereinigtes
Wasser

Luft-
zufuhr

a)

7 m

Tauchtropfkörper im Querschnitt

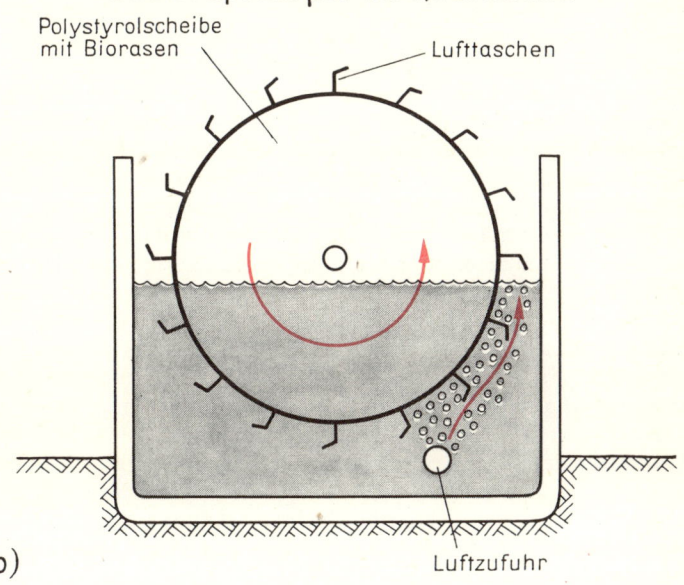

Polystyrolscheibe
mit Biorasen

Lufttaschen

Luftzufuhr

b)

die Belüftung mit dem Antrieb der die Polystyrolscheiben tragenden Welle gekoppelt: mittels eines »Luftblasenantriebs«. Der Walzenkörper hat am äußeren Umfang sogenannte Lufttaschen. Die in der Mitte des Beckens eingetragene Luft wird als Luftblasen von den Lufttaschen »gefangen«. Der Auftrieb bewirkt schließlich die Rotation des Walzenkörpers. Aufgrund des äußerst leichten Trägermaterials liegt die Walze natürlich auch sehr leicht im Abwasserbecken. Dadurch ist dieser einfache und energiearme Antrieb möglich. Aufgrund einer vielfältigen Einsetzbarkeit des Walzentropfkörpers sind in den USA Arbeiten zur Verbesserung des Reaktors unternommen worden, die sich besonders auch auf seine überraschenden Vorteile, den geringen Energieverbrauch und den einfachen und wartungsarmen Betrieb bezogen. So ist auch die Verwendung von Tauchtropfkörpern sehr verbreitet, zumal sich dieser Reaktortyp auch für Kampagnebetrieb eignet.

Der technologische Weg vom Klärteich zum Tauchtropfkörper ist gekennzeichnet durch eine immer größere aktive Oberfläche, die einen intensiven Stoffwechsel der darauf wachsenden Mikroben zuläßt. Verschiedene Belüftungssysteme – von der Luftbewegung, die durch einen Temperaturgradienten hervorgerufen wird bis zur Versorgung der Apparatur mit Druckluft – werden angewendet. Und schließlich liegt im Tauchtropfkörper-Verfahren bereits die Kombination von Festbettreaktor und Belebtschlammverfahren vor. Dies zeigt schon, daß der Schritt vom Organismusrasen im Festbettreaktor zur freischwimmenden Belebtschlammflocke nicht groß sein kann. In der Tat hat man viel Arbeit darauf verwendet, mikrobiologische Unterschiede zwischen dem Belag der Tropfkörper und der Belebtschlammflocke zu finden. Allerdings konnte man keine grundlegenden Differenzen bei den Mikroorganismen finden. Aus mikrobiologischer Sicht sind diese in der Zusammensetzung beider Katalysatorformen auch nicht zu erwarten: In beiden Strukturen sind Mikroorganismen vereinigt, die unter gleichen Bedingungen (Sauerstoffüberschuß spielt hier die entscheidende Rolle), bei gleichem Substratangebot (gleiche Abwasserzusammensetzung) die gleichen Stoffwechselleistungen vollbringen. Trotzdem müssen wir mit derartigen Voraussagen vorsichtig sein: Für definierte Laborbedingungen mag das Gesagte voll zutreffen, bei den Abwasserreinigungsanlagen und der Organismenvielfalt, die dort zuhause ist, haben wir es mit einer komplexen ökologischen Situation zu tun, die grundlagenwissenschaftlich noch nicht in all ihren Wechselwirkungen erfaßt ist. Die mikrobiologische Aufklärungsarbeit hinkt hier hinter der Verfahrensentwicklung her.

Der Abwasserfachmann kann aber bereits aus makroskopischer Beschaffenheit wie Farbe, Geruch und Größe der Belebtschlamm- flocken Rückschlüsse auf den Verfahrensverlauf ziehen (und ent- sprechend in das Verfahren regulierend eingreifen). Die Belebt- schlammflocke stellt eine Biozönose, also eine Lebensgemein- schaft verschiedenster Organismen, in unserem Falle von aeroben Bakterien, Pilzen und bakterienfressenden Protozoen (Amöben aus dem Tierreich), dar. Der Belebtschlamm hat im allgemeinen eine schwach kastanienbraune Farbe und riecht etwas nach fri- scher Erde (wenn er »in Ordnung« ist). Blähschlamm ist ein Alarmzeichen für den Abwasseringenieur. Dieser Schlamm ent- hält bis zu 99,8 % Wasser und hat fast keine aktiven Organismen: Ein gesunder Belebtschlamm enthält neben den Bakterien eine Reihe beweglicher Ciliaten. So ist eine Beurteilung des laufenden Prozesses nicht nur durch chemische Analysen möglich. Der er- fahrene Praktiker erkennt bereits an der Beschaffenheit, der Farbe und dem Wassergehalt der Belebtflocken, wie die Abwasseranlage läuft. Ein Blick durch das Mikroskop bringt ihm darüber hinaus Informationen über den Belastungsgrad der Anlage.

Alle Kläranlagen für kommunales Abwasser arbeiten nach dem Funktionsprinzip: mechanische Vorklärung – biologische Stufe mit Belüftung – Nachklärung und Klärschlammverarbeitung.

Kernstück des Verfahrens ist die Belebtschlammflocke und ihre Behausung, der Bioreaktor. Weil es für die Belebtschlamm-Orga- nismen in erster Linie auf den Sauerstoff ankommt, sind Form und Beschaffenheit des Bioreaktors vom Belüftungssystem abhän- gig. Die Sauerstoffversorgung ist das zentrale Geschehen bei der aeroben Abwasserreinigung, sie bestimmt die Leistungsfähigkeit der Anlage. Techniker und Konstrukteure haben überaus raffi- nierte und sinnreiche Wege gefunden, den Grad der Überführung des Sauerstoffs aus der Luft in das Abwasser zu erhöhen und man kann sicher sagen, daß mit den modernsten Anlagen eine techno- logische Grenze erreicht ist, die sehr schwer nach »oben« zu ver- schieben sein dürfte!

Abbildung 21 soll die physikalischen Gesetzmäßigkeiten, die die Löslichkeit des Sauerstoffs im Abwasser und den maximalen Übergang aus der Gasblase in die wäßrige Phase bedingen, verge- genwärtigen.

Wenn Luft in eine Flüssigkeit gelangt, so löst sich aus der Gas- blase dann viel Sauerstoff in der Flüssigkeit, wenn

1. Das Oberflächen-Volumen-Verhältnis der Gasblase möglichst groß ist: also müssen die Gasblasen möglichst klein sein. Das heißt, die Luft muß möglichst fein verteilt in die Flüssigkeit ge-

Hochleistungabwassertechnologie bedeutet maximale Sauerstoffbereitstellung

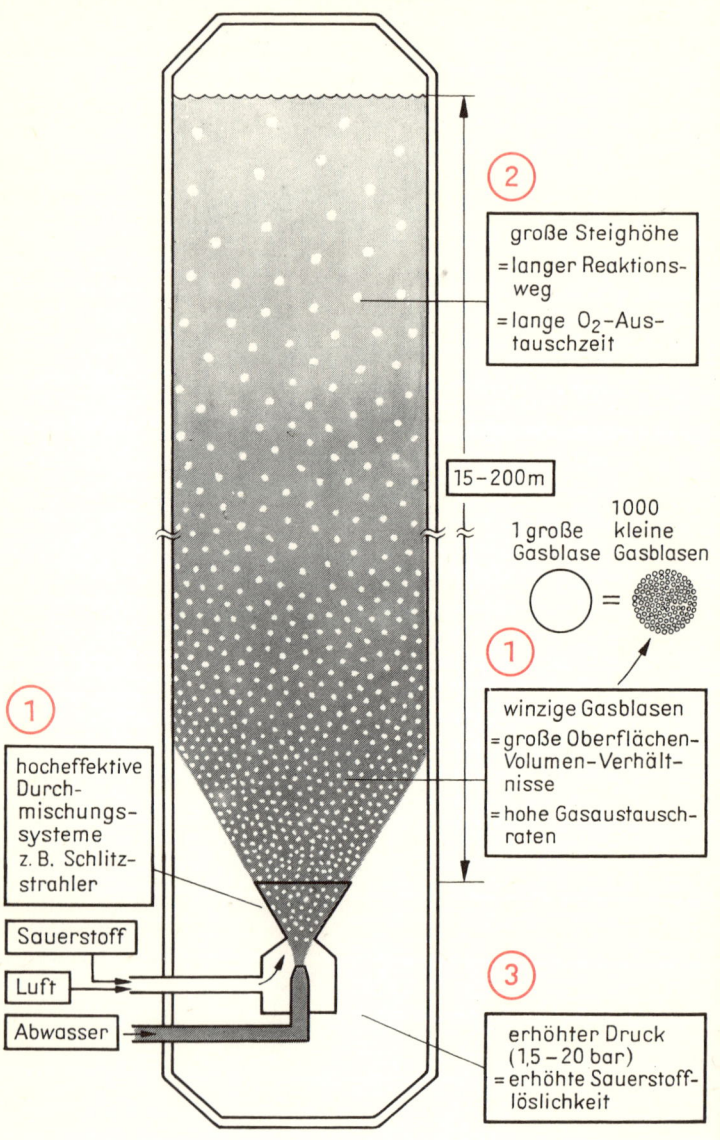

② große Steighöhe
= langer Reaktions-
  weg
= lange O_2-Aus-
  tauschzeit

15–200 m

1 große   1000
Gasblase   kleine
                 Gasblasen

○ = ⬤

① winzige Gasblasen
= große Oberflächen-
  Volumen-Verhält-
  nisse
= hohe Gasaustausch-
  raten

① hocheffektive
Durch-
mischungs-
systeme
z. B. Schlitz-
strahler

Sauerstoff

Luft

Abwasser

③ erhöhter Druck
(1,5 – 20 bar)
= erhöhte Sauerstoff-
  löslichkeit

langen. Die technologische Lösung dafür ist der Schlitzstrahler. Der Schlitzstrahler ist eine Zweistoffdüse, bei der ein Flüssigkeitsstrahl als Treibstrahl für ein Gas benutzt wird. Die Wasserstrahl-Vakuum-Pumpe im Labor arbeitet nach diesem Prinzip. Entscheidend ist, daß mit dem Treibstrahl möglichst viel Gas »mitgerissen« wird und daß beim Austritt aus der Düse das Gas so fein als möglich verteilt wird, also die Gasbläschen so klein wie möglich sind.

2. Nachdem die Gasblasen den Schlitzstrahler (der gleichzeitig für eine gute Durchmischung von Mikroorganismen und Abwasser sorgt) verlassen haben, steigen sie infolge ihrer gegenüber dem Wasser geringeren Dichte in der Flüssigkeit nach oben. Auf dieser Reise geht der Sauerstoff an der Phasengrenzfläche in Lösung. Daraus ergibt sich eine weitere Notwendigkeit: Der Vorgang des Lösens des Sauerstoffs muß bei maximaler Phasengrenzfläche (kleinste Blasen) so effektiv wie möglich sein. Die Wegstrecke, die den Blasen bis zum Erreichen der Flüssigkeitsoberfläche zur Verfügung steht, muß möglichst lang sein, nachdem durch die Blasengröße die Lösungsgeschwindigkeit des Sauerstoffs gegenüber der Steiggeschwindigkeit der Luftblase maximiert ist. Dies bedeutet hohe Wassersäulen, hohe (oder tiefe!) Reaktoren.

Am Boden dieser Reaktoren ist der Druck natürlich entsprechend der Höhe der Flüssigkeitssäule erhöht: dies führt – dem von HENRY und DALTON formulierten Naturgesetz entsprechend – zu erhöhter Löslichkeit der Gase in der umgebenden Flüssigkeit. Also wird nochmals die Diffusionsgeschwindigkeit des Sauerstoffs aus der Gasblase in die Flüssigkeit erhöht. Auf dem langen Weg der Gasblase durch die Flüssigkeit wird also ein Maximum an Sauerstoff gelöst. Dies ist Voraussetzung für eine Maximierung an mikrobiologischer Leistung.

Darüber hinaus wird Abwasserentsorgung mit dieser Hochleistungstechnik umweltfreundlicher: Die Menge entstehender Abluft ist durch eine intensive Luftnutzung geringer.

Verfahrenstechnisch sind mit der Entwicklung sogenannter Brunnenreaktoren (»deep shaft«), durch das Turmbiologie®-Ver-

Abb. 21 Geringste Gasblasen-Volumina durch hocheffektive Durchmischungs-Systeme wie z. B. den Schlitzstrahler (1), lange Austauschzeiten durch große Steighöhen (2) und erhöhte Sauerstofflöslichkeit bei erhöhtem Druck am Boden der hohen (oder tiefen) Reaktoren (3) sorgen für maximale Sauerstoffübergänge bei Hochleistungsverfahren der oxidativen Abwasserreinigung.

Brunnenreaktor

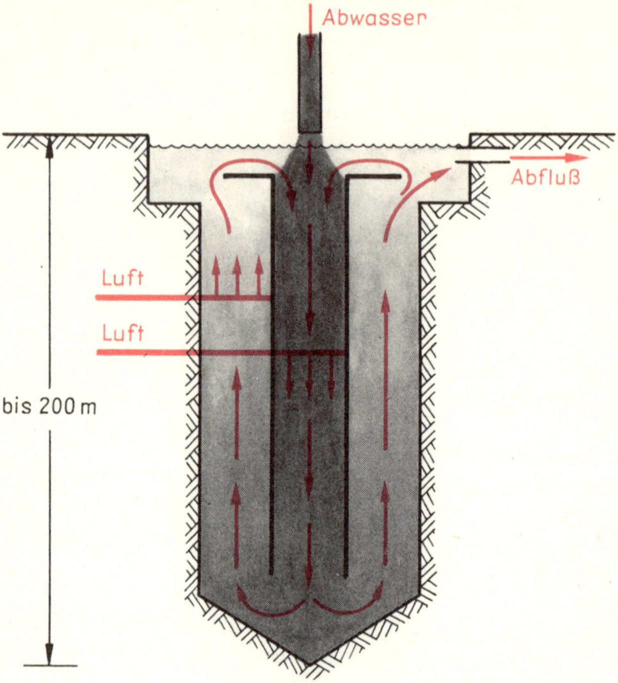

Abwasser

Abfluß

Luft

Luft

bis 200 m

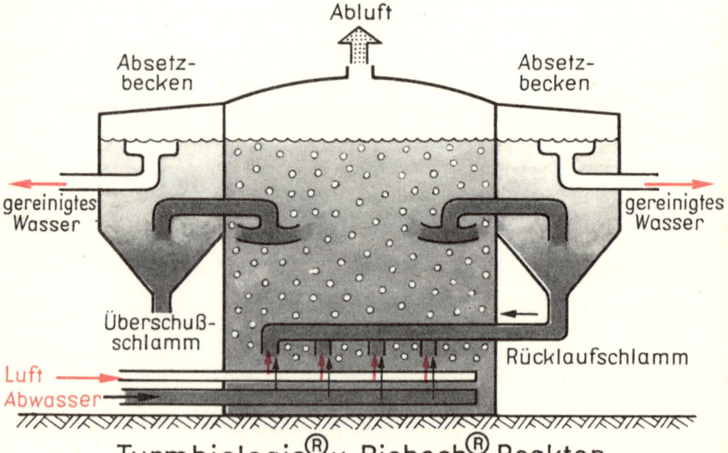

Abluft

Absetz-
becken

Absetz-
becken

gereinigtes
Wasser

gereinigtes
Wasser

Überschuß-
schlamm

Rücklaufschlamm

Luft

Abwasser

Turmbiologie® u. Biohoch® Reaktor

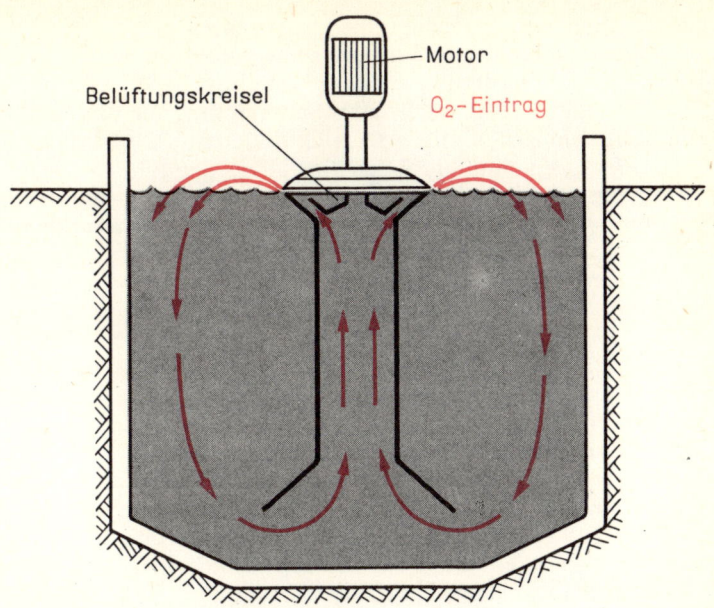

Motor

Belüftungskreisel

O_2-Eintrag

Abb. 23 Die Reinigung kommunaler Abwässer erfolgte ökonomisch mit der Belebtschlammethode im bewährten Oxidationsbecken. Luftrecycling mit gleichzeitiger Sauerstoffanreicherung effektivieren das Verfahren und vermindern das Abluftaufkommen.

fahren und das Biohoch®-Verfahren Voraussetzungen für eine höhere Raumbelastung der Abwasserreinigung geschaffen worden. Das bedeutet, daß mit diesen (und ähnlichen Verfahren) höherbelastetes Abwasser in größeren Mengen pro Zeiteinheit gereinigt werden kann. Bei den riesigen Investitionen für die Errichtung derartiger Anlagen ist natürlich das ökonomische Betreiben dieser von größter Wichtigkeit: Dabei kommt es besonders auf einen möglichst gleichmäßigen Abwasserstrom an. Bei den Dimensionen solcher Anlagen kann dies leicht zum Problem werden. Deshalb sind diese Verfahren natürlich dort gefragt, wo

Abb. 22 Hochbelastete Abwässer vor allem der chemischen Großindustrie erfordern hocheffektive Reinigungsverfahren: Brunnenreaktoren und die Turmbiologie [R]-bzw. Biohoch [R]-Verfahren werden den großen Anforderungen gerecht.

größte Mengen hochbeladener Abwässer anfallen: vor allem in der chemischen Großindustrie mit ihren teilweise auch schwer abbaubaren Abwasser-Inhaltsstoffen.

Die Reinigung kommunaler Abwässer mit der Belebtschlammtechnik bedient sich der nicht so effektiven, dafür aber auch wartungsarmen, wenig störanfälligen (im Sinne der Schwankungen von Abwasseranfall und -belastung) sogenannten Oxidationsbecken. Diese entsprechend der anfallenden Abwassermenge dimensionierten Belebtschlammbecken werden meist durch Einrühren der über der Wasseroberfläche befindlichen Luft in das Abwasser mit gleichzeitiger Durchmischung des Belebtschlammbecken-Inhalts mit Sauerstoff versorgt. Diese Technik kann Probleme im Hinblick auf die Reinhaltung der Luft bringen, denn leicht flüchtige Abwasserbestandteile gelangen auf diese Weise aus dem Abwasser in die Luft.

So ist man bei diesen bewährten Verfahren ebenfalls um Effektivierung bemüht: Das Abluftaufkommen kann erheblich vermindert werden, wenn statt Luft Sauerstoff ins Abwasser eingebracht wird. Man kann auch geschlossene Anlagen bauen und ein intensives Luftrecycling mit gleichzeitiger Sauerstoffanreicherung (Auffüllen des verbrauchten O_2 durch technischen Sauerstoff) betreiben (Abb. 23).

Die Alternative:
Abwasserreinigung ohne Sauerstoff

Abwasserreinigung mit Sauerstoff produziert Klärschlamm. Trotz seiner energiesparenden (ja, sogar energieliefernden) anaeroben Umsetzung in Faultürmen gibt es Probleme mit ihm. Er ist – oder könnte – ein gutes Düngemittel sein (solange sich sein Schwermetallgehalt in Grenzen hält). Oft ist er aber nicht landwirtschaftlich verwendbar und muß über Deponierung oder Verbrennung entsorgt werden. Sein Transport kostet Energie und Geld. Alles in allem wären Verfahren, bei denen Klärschlamm in geringem Maße anfällt, willkommen. Nur müßten sie eben auch das leisten, wozu oxidative Abwasserreinigung in der Lage ist.

Klärschlamm ist sozusagen das Produkt einer divergierenden Zielstellung von Mensch und Mikrobe: Wie es dem Menschen auf sauberes Wasser ankommt, ihm letztendlich die Mikroben nur als Katalysator dieses Prozesses dienen, interessieren sich Mikroorganismen lediglich für die im Abwasser enthaltenen Nährstoffe. Diese wiederum verwenden sie ausschließlich dafür, ihren Stoffwechsel (sozusagen ihren Kreislauf) aufrecht zu erhalten und Nachkommen zu erzeugen.

In diese Kluft zwischen den Interessen von Mensch und Mikrobe hat die Natur eine Reihe biochemischer Gesetzmäßigkeiten gelegt: Damit keiner seine Grenzen überschreite. Auf dem Fundament dieser Gesetzmäßigkeiten können Mensch und Mikrobe Verträge zum beiderseitigen Vorteil miteinander machen. Für Mikroorganismen, die das Abwasser mit Hilfe des Sauerstoffes von organischen Bestandteilen reinigen, bedeutet dies: Die Energie, die chemisch in diesen organischen Kohlenstoffverbindungen steckt, reicht aus, um – ganz grob – Mikrobenbiomasse zu bilden, wie dies gewichtsmäßig 50 % der abgebauten organischen Substanz entspricht. Dies bedeutet, daß de facto etwa 50 % der organischen Substanz erhalten bleiben. Sie sind »nur« in Biomasse umgewandelt worden. Dies ist schon sehr viel, wenn wir berücksichtigen, daß diese unschädliche Biomasse aus giftigen organischen Stoffen entstehen kann.

Eine dieser biochemischen Gesetzmäßigkeiten lautet: In Anwesenheit von genügend Sauerstoff »verbrennen« aerob lebende Mikroorganismen die gebotenen organischen Bestandteile, vorausgesetzt, sie können von den Mikroben gefressen werden, nahezu vollständig. Die dabei gewonnene Energie wird für Atmung und Vermehrung verwendet und zu etwa 50% in der Zellsubstanz der Nachkommen festgelegt. Es findet also in der Bilanz zur Hälfte eine Umsetzung des Kohlenstoffs der Abwasserkomponenten in Kohlendioxid und Wasser, zu weiteren 50% eine Umwandlung in mikrobielle Biomasse statt.

Nun gibt es Bakterien, die das Ganze auch ohne Sauerstoff können. Lange Zeit hat man geglaubt, die Anaerobier (wie sie auch genannt werden) seien den Aerobiern biochemisch in allem etwas unterlegen. Diese Annahme kam daher, daß die Anaerobier die für die Vermehrung notwendige Energie durch Gärung – also eine Umwandlung organischer Substanz ohne Sauerstoff – gewinnen. Für diese Energiegewinnung müssen sie ungleich mehr Substrat in Gärprodukt (Alkohol, Milchsäure, Methan, Kohlendioxid) umsetzen als die Aerobier mit Sauerstoff. Die Folge: Pro Gramm umgesetzten Substrates wird weniger Biomasse, dafür aber mehr Gärprodukt gebildet (Abb. 24). Aus dem Substrat des Abwassers entstehen also nur zu 5% Biomasse, dafür zu 95% Gärungsprodukt (z. B. Biogas). Werfen wir kurz einen Seitenblick in eine Brauerei, wird das verständlicher: Schließlich wird Zucker von anaeroben Hefen zu Alkohol, nicht zu Hefebiomasse vergoren!

Heureka! Müßte nun der Abwasserfachmann rufen. Weniger Biomasse – mehr brennbares, energielieferndes Methan! Die Lösung, die Alternative! In der Tat lassen die Möglichkeiten das Herz des Biotechnologen höher schlagen. Aber auch er muß der Realität klar ins Auge schauen. Und so gibt es auch hier Schwierigkeiten (oft unlösbare), die in der Natur der Sache liegen, und Schranken, die wir uns selbst in unserem Denken auferlegen.

Abb. 24   Mikrobielle Umsetzung organischer Stoffe im Abwasser mit und ohne Sauerstoff: Beim aeroben Verfahren wird die organische Substanz zur Hälfte in Biomasse, d. h. Klärschlamm (der wiederum entsorgt werden muß), umgewandelt. Die Bilanz der anaeroben Reinigung sieht wesentlich günstiger aus: aus der organischen Substanz entstehen nur etwa 5% Biomasse (Klärschlamm), dagegen werden 95% zu Methan und Kohlendioxid, dem Energieträger Biogas, umgesetzt.

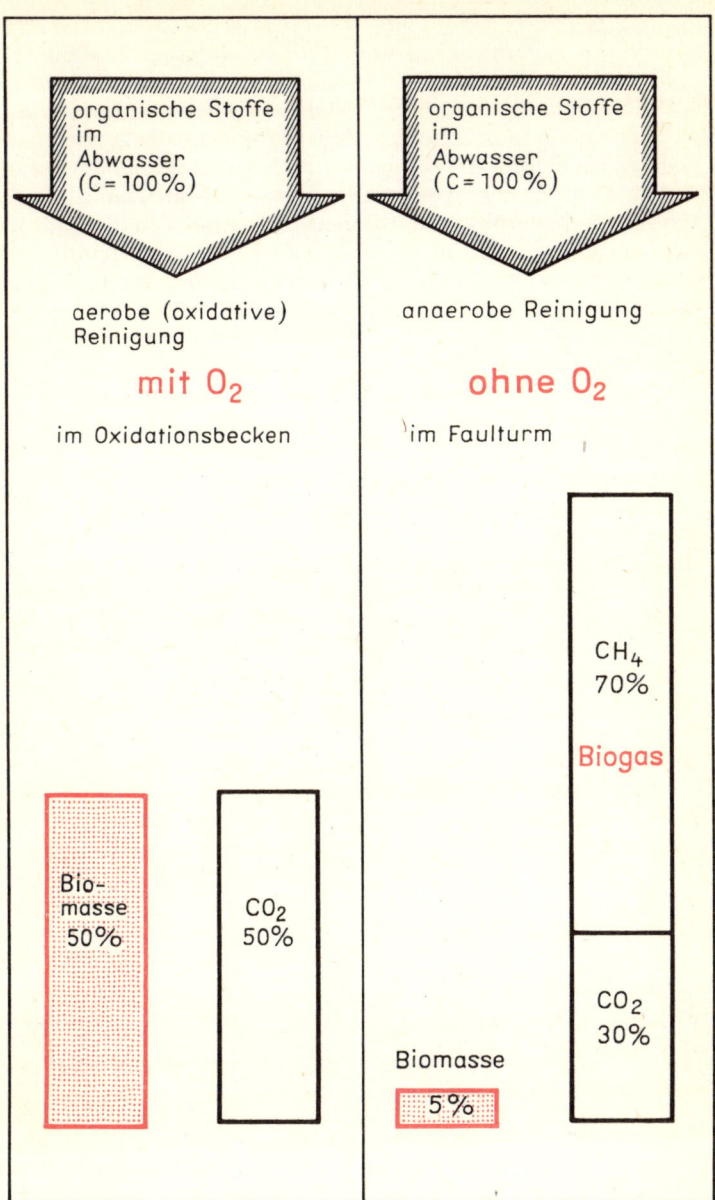

organische Stoffe im Abwasser ($C = 100\%$)

organische Stoffe im Abwasser ($C = 100\%$)

aerobe (oxidative) Reinigung

mit O_2

im Oxidationsbecken

anaerobe Reinigung

ohne O_2

im Faulturm

CH_4 70%

Biogas

Bio-masse 50%

CO_2 50%

CO_2 30%

Biomasse

5 %

Dort, wo es gelingt, beides voneinander zu trennen, können Vorurteile fallen, und man kann sich an die Bearbeitung der »echten« Probleme machen. Ähnlich ist es der Anaerobier-Technik in der Abwasserreinigung ergangen. Nachdem bereits Anfang unseres Jahrhunderts landwirtschaftliche Abfälle ohne Kenntnis der biologischen Grundlagen »einfach so« zu Biogas umgewandelt wurden und etwas später sogar Autos damit angetrieben wurden, ist diese Technik in der Kohle-Erdöl-Erdgas-Überschuß-Periode fast in Vergessenheit geraten, um mit der neuen Energiesituation, die uns im Jahre 1972 erstmals bewußt wurde, eine Renaissance zu erleben.

Die Klärschlammentsorgung in der Biogasanlage ist zur Gewohnheit geworden. Auch daran hatte man sich gewöhnt, daß der Prozeß langsam abläuft. Lange Zeit galten die Anaerobier, besonders die Methan-Bakterien, als schwer handhabbar und biochemisch träge. Hinzu kommt, daß Methangärung ein komplizierter, vielstufiger Prozeß ist. Nur wenige Leute auf der Welt kennen ihn wie ihre Westentasche. Und Verfahrenstechnik allein kann auch nicht jedes x-beliebige Substrat in ein y-beliebiges Produkt umsetzen, geschweige denn ökonomisch vertretbar.

Einige Leute (und Firmen!) haben sich über alle Bedenken und Vorurteile hinweggesetzt und Anaerobier-Verfahren für die Abwasserreinigung entwickelt. Verfahren, mit denen heute bereits Inhaltsstoffe von etwa 20 Abwasserarten sehr effektiv in wenig Klärschlamm und viel Biogas umgesetzt werden können.

Das anaerobe Verfahren hat gegenüber der oxidativen Abwasserreinigung den Vorteil, daß der Energiebedarf durch die fehlende Begasung sehr viel geringer ist. Zum anderen können die so behandelten Abwässer einen sehr hohen Feststoffgehalt (bis zu 15%) haben. Schließlich ist noch zu erwähnen, daß es aufgrund der Tatsache, daß der Prozeß in geschlossenen Behältern stattfindet, keine Abluftprobleme gibt. Ein Vorteil, der nicht vordergründig ins Auge fällt: Biogas ist ein Produkt, das sich von allein ständig aus dem Reaktionsgemisch entfernt. Es kann daher seine eigene Biosynthese – wie wir dies bei anderen Produkten häufig antreffen – nicht hemmen. Und es entfernt sich aus dem Abwasser in biotechnologisch geradezu idealer Form: nach oben. Es braucht also nicht aufwendig abgetrennt werden.

Daß das anfallende Biogas zu Heizzwecken verwendet werden kann, ist ebenfalls ein Gewinn: Abwasserreinigung kann energieautark, meist mit einem Energieüberschuß, betrieben werden. Das Hauptprodukt dieses Prozesses ist aber klares Wasser. Daher wird der Prozeß immer mit Blick auf schnellen und möglichst vollständigen Stoffumsatz optimiert werden. Biogas ist in diesem Zusammenhang nur als nützliches Nebenprodukt zu sehen. Bei anderen Verfahren mikrobiologischer Abfallverwertung ist Biogas zum Hauptprodukt geworden.

Wir wollen uns die anaeroben Abwasserverfahren etwas genauer ansehen. Den Faulbehälter zur Klärschlammstabilisierung haben wir bereits kennengelernt. Für alle anderen Verfahren und Substrate gelten die gleichen Reaktionsbedingungen. Luftabschluß und damit anaerobe Bedingungen sind das A und O. Dabei brauchen wir'den Reaktor nur geschlossen zu halten, für ein sauerstofffreies Milieu sorgt die Bakterienflora selbst. Die Methanbakterien mögen es eher warm: eine Temperatur von 32–37 °C stellt das Optimum der Reaktion dar. Der geforderte pH-Wert liegt bei 7. Bei solchen optimalen Bedingungen, die auch ein Umwälzen des Schlammes und damit eine Entgasung notwendig machen, liegt die Reaktionszeit bei 15 bis 20 Tagen. Das entstehende Nebenprodukt Biogas besteht zu 60–70 % aus Methan und hat einen Heizwert von 22 829 kJ/m^3.

Eine Erhöhung der Umsatzraten wird – ähnlich wie beim Belebtschlammverfahren – durch eine Biomasserückführung aus dem gereinigten Wasser in den Reaktor erreicht. Und hier kommt ein weiterer Vorteil zum Tragen: Die Biomassekonzentration im Reaktor kann nahezu beliebig hoch sein, weil ja der Sauerstoff hier keine begrenzende Funktion hat. In anderen Verfahren (Säulenreaktor) wird dies zur Schaffung sehr hoher Bakterienkonzentrationen (bis 150 g/l!) genutzt.

Von Experten wird eingeschätzt, daß eine Möglichkeit der Optimierung und Stabilisierung des Prozesses darin besteht, ihn in zwei Reaktionsstufen ablaufen zu lassen. Bei der Behandlung von organisch hochbelasteten Abwässern aus Hefefabriken ist dies bereits erfolgreich praktiziert worden.

Das Verfahrenskonzept für hochbelastete, jedoch feststoffarme Abwässer ist der anaerobe Festbettreaktor. In ihm sind die Methanbakterien (ähnlich wie die aerobe Mikrobenflora im Tropfkörperverfahren) auf Oberflächen von Trägermaterial aufgewachsen (Abb. 25). Die Umsatzraten des Verfahrens liegen bei 10 kg CSB/ m^3 × Tag. Bei der Reinigung des Brüdenkondensats in der Zellstoffindustrie wird dieses Verfahren als Festbett-Umlauf-Reaktor mit großem Erfolg eingesetzt. Dabei ist Erstaunliches herausgekommen: Hier hat sich gezeigt, daß die Reinigungsleistung der Anaerobier durch das Verfahren so optimiert wurde, daß sie denen der Oxidierer überlegen ist. Der Stoffumsatz pro Zeiteinheit ist so groß, daß – ließe man Aerobier die Reaktion durchführen –

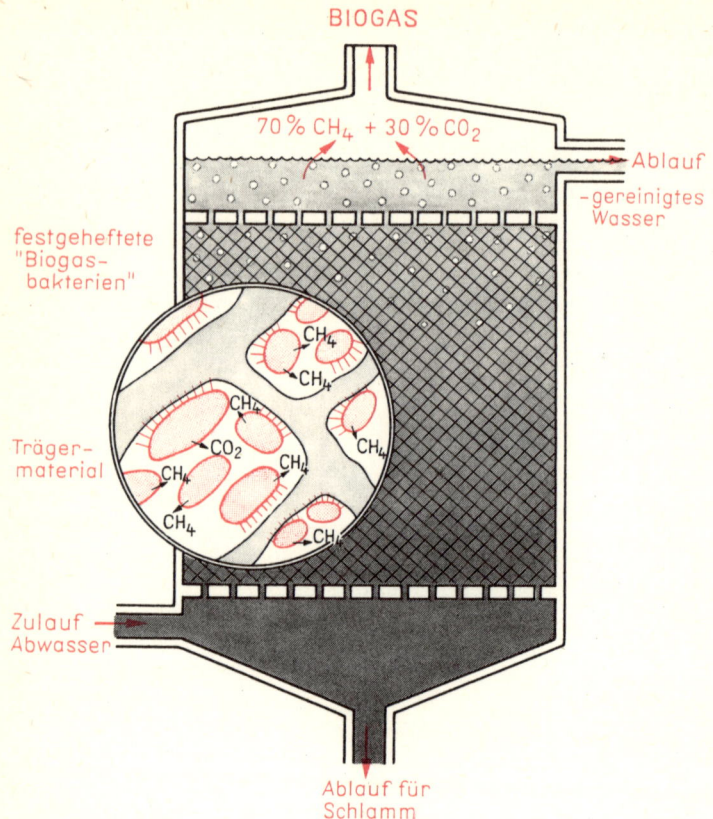

BIOGAS

70 % CH$_4$ + 30 % CO$_2$

Ablauf
-gereinigtes
Wasser

festgeheftete
"Biogas-
bakterien"

CH$_4$
CH$_4$
CH$_4$
CO$_2$
CH$_4$
CH$_4$
CH$_4$
CH$_4$
CH$_4$

Träger-
material

Zulauf
Abwasser

Ablauf für
Schlamm

Abb. 25   Das Verfahrenskonzept für hochbelastete, feststoffarme Abwässer ist der anaerobe Festbettreaktor. Die Entwicklung anaerober Hochleistungsverfahren hat zur »biochemischen Rehabilitation« der anaeroben Bakterien geführt: Der Stoffumsatz pro Zeiteinheit ist so groß, daß – ließe man Aerobier die Reaktion durchführen – die erforderliche Sauerstoffmenge aus der Luft einfach nicht nachzulösen wäre!

die erforderliche Sauerstoffmenge aus der Luft einfach nicht nachzulösen wäre!

Eine Weiterentwicklung des »anaeroben Filters« stellt der Säulenreaktor dar. Anhand des UASB-Prozesses (Upflow Anaerobic Sludge Blanket Process), der von Biotechnologen in Holland für hochbelastete (15–30 kg CSB/m^3 und Tag) Zuckerfabrikabwässer

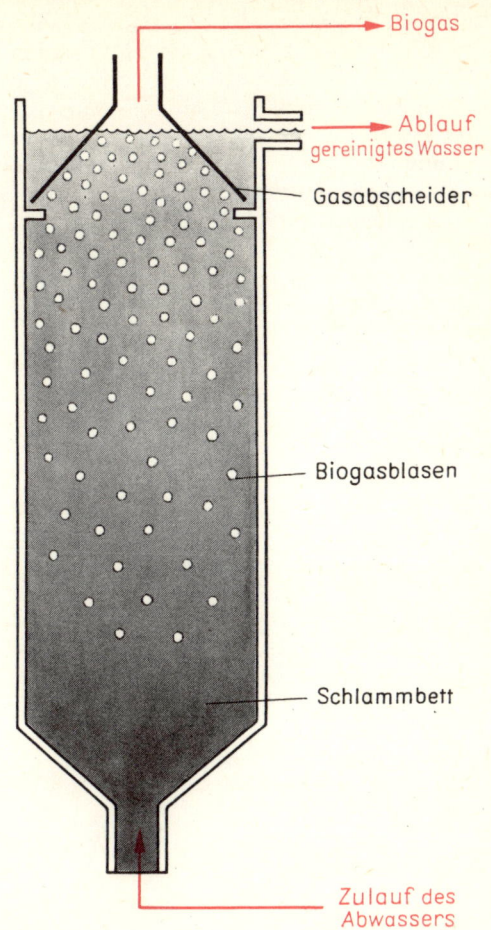

Biogas

Ablauf gereinigtes Wasser

Gasabscheider

Biogasblasen

Schlammbett

Zulauf des Abwassers

Abb. 26   Für die Reinigung hochbelasteter, feststoffarmer Zuckerfabrikabwässer haben Biotechnologen in den Niederlanden den sogenannten
UASB-Prozeß entwickelt. Ausführliche Erklärungen im Text.

entwickelt wurde, werden alle technologischen Vorteile klar. Der
Säulenreaktor arbeitet ohne jedes Füllmaterial. Das Abwasser
wird von unten in die am Boden trichterförmige Säule gepreßt. In
der Säule lagern sich die Mikroorganismen als Schlammpartikel
am Boden ab. Daher befindet sich im unteren Teil des Reaktors
eine enorm hohe Bakterienkonzentration. Das ist die Ursache für

die schnelle Umsetzung der organischen Stoffe des Abwassers in der unteren Region des Reaktors. Das sich bildende Biogas trägt natürlich einen Teil der Schlammpartikel nach oben. Im oberen Teil des Reaktors befindet sich eine einfache Konstruktion, der Gasabscheider, der die Schlammpartikel vom anhaftenden Biogas befreit und diese somit wieder nach unten sinken läßt. Es kommt hier zu keiner wesentlichen Bakterienaustragung: Die Konzentration an »biologischem Katalysator« nimmt im Laufe des kontinuierlichen Betriebes ein Maximum an, wobei immer ein Dichtegradient von unten nach oben bestehen bleibt. Diese Reaktorausführung stellt im Moment die effektivste Lösung mit den höchsten Umsatzraten und der breitesten Vielfalt verwertbarer Abwässer dar. So sind Abwässer aus Molkereien, Sulfitablauge, Rückstände aus der Äthanoldestillation und aus der Aceton-Butanol-Fermentation, Abwässer der Pharmaindustrie, Kartoffelstärkeabwässer, Brennerei- und Zuckerfabrikabwässer mit diesem Verfahren anaerob zu reinigen.

Einige Zahlen sollen die Effektivität des Verfahrens belegen: Im UASB-Prozeß können organisch hoch belastete Abwässer aus der Lebensmittelindustrie (1000–5000 CSB/l) zu 80–90% von organischen Verbindungen (CSB-Abbau) befreit werden, wobei die Verweilzeit des Abwassers im Reaktor in Abhängigkeit von der Art des Abwassers zwischen 0,2 und 1,5 Tagen liegt. Dies ist natürlich verglichen mit der Verweilzeit in konventionellen Faultürmen von 10–30 Tagen ein gewaltiger Fortschritt. Hierfür ist, wie bereits erwähnt, die extrem hohe Mikroorganismendichte im unteren Teil des Reaktors verantwortlich. Für die sehr hoch belasteten Zuckerfabrikabwässer (15–30 kg CSB/m^3 und Tag) bedeutet dies, daß bei einer durchschnittlichen Methanausbeute von 2,5–3,5 m^3/m^3 Reaktorvolumen und Tag im unteren Teil des Reaktors die Bakterien Abwasserinhaltsstoffe mit einer spezifischen Aktivität von 1 kg CSB/kg Bakterienschlamm/Tag umsetzen. 95% der CSB-Fracht werden entfernt.

Eine zweistufige Prozeßvariante ist beim Abbau von Brennereiabwässern durchgeführt worden: Im ersten Reaktor (der ersten Stufe) werden die organischen Bestandteile bis zu den Säuren vergoren (Abb. 27). Diese Säuren werden dann kontinuierlich in einem zweiten Reaktor (die zweite Stufe) überführt und dort zu Methan und Kohlendioxid umgesetzt. 85% Der CSB-Fracht des Abwassers werden innerhalb von 14 Stunden entfernt. Die Prozeßstabilität ist sehr hoch.

Nun ist man lange Zeit auch davon ausgegangen, daß nicht nur die Geschwindigkeit des Stoffwechsels der Anaerobier gering sei,

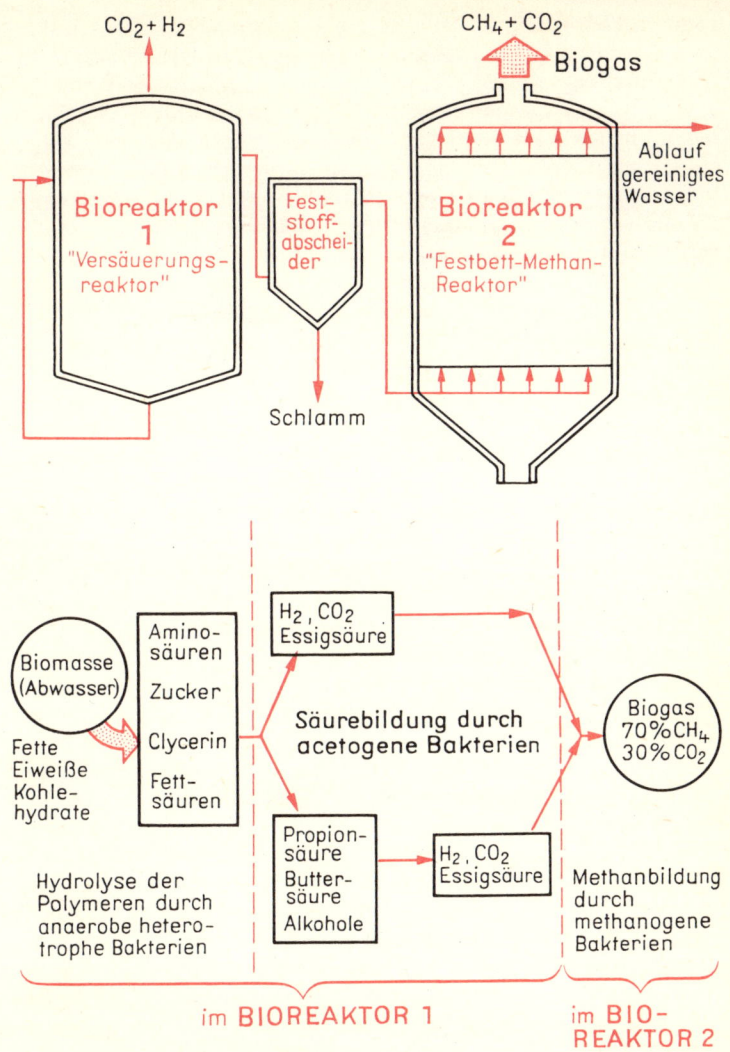

Abb. 27 Die genaue Kenntnis der Biochemie der Biogas-Gärung hat zur Entwicklung einer zweistufigen Prozeßvarianten bei der Reinigung von Brennereiabwässern geführt. Im ersten Reaktor erfolgt der Abbau der organischen Bestandteile (Zucker) zu organischen Säuren. Diese werden im zweiten Reaktor zu Biogas umgesetzt. Wichtiges Kennzeichen dieser Variante ist die hohe Prozeßstabilität.

sondern ebenso die Anzahl der durch sie abbaubaren Verbindungen. Untersuchungen haben aber gezeigt, daß anaerobe Mikroben sehr viele organische Verbindungen zu Methan und Kohlendioxid abbauen können. Ebenso wie ihre sauerstoffliebenden »Kollegen« haben aber auch sie Schwierigkeit mit »Schwerverdaulichem« wie Lignin, manchen Kohlenwasserstoffen und Kunststoffen. Dagegen gibt es aber auch Reaktionen, die anaerob bevorzugt ablaufen, z. B. die Dechlorierung von Chlorphenol, die als Trichlor- und Tetrachlorphenole bei der Papierbleichung anfallen und für Fische sehr giftig sind.

Darüber hinaus werden – wie unter aeroben Bedingungen auch – die verschiedenen organischen Stoffe unterschiedlich schnell abgebaut: Kohlenhydrate und Proteine unterliegen einem sehr schnellen Abbau, indes Cellulose oder Fettsäuren sehr langsam abgebaut werden.

Wir haben also gesehen, daß man mit Anaerobiern und einer gut durchdachten Technik Reinigungsgrade und Umsatzraten erreichen kann, wie sie für das Belebtschlammverfahren üblich sind. Und dies mit Vorteilen: wenig zu entsorgendem Klärschlamm und einem energiereichen Methan-Kohlendioxid-Gemisch, dem Biogas.

»Klar« muß noch nicht »sauber« sein – Stickstoff- und Phosphatentfernung in der 3. Reinigungsstufe

In der aeroben Abwasserreinigung kommt es beim Abbau organischer Substanz zur Bildung von Nitrat (NO_3^-) und Phosphat (PO_4^{3-}). Gelangen Nitrat und Phosphat mit dem von organischen Bestandteilen befreiten Abwasser in die Gewässer, kann es dort zu erheblichen Eutrophierungen kommen, weil Stickstoff und Phosphor neben Kohlenstoff die Hauptnährstoffe für Mikroben und Pflanzen darstellen. So sind die autotroph lebenden Organismen, wie Algen, Cyanobakterien und Pflanzen, aufgrund ihrer Fähigkeit, Kohlenstoff in Form des Kohlendioxids aus der Luft aufzunehmen, in der Lage, sich bei Vorhandensein von Nitrat und Phosphat zu vermehren ohne daß das Wasser, in dem sie leben, irgendeine organische Kohlenstoffquelle enthält. Bereits bei geringen Konzentrationen, wie 0,5 mg Phosphor/Liter und 0,5 bis 2 mg Stickstoff/Liter, setzt in dem betreffenden Gewässer starkes Algenwachstum ein. Die Folge ist, daß der für alle Lebewesen essentielle Sauerstoff knapp wird. Fischsterben haben darin oft ihre Ursache. Aber auch im Trinkwasser darf der Gehalt an Nitrat aufgrund seiner Bedenklichkeit Werte von 40 mg NO_3^-/l (DDR-Standard) bzw. 50 mg NO_3^-/l (BRD) nicht überschreiten.

Für die Entfernung von Stickstoff und Phosphor aus dem gereinigten Abwasser gibt es chemische und mikrobiologische Möglichkeiten, so daß der Kläranlage nur eine dritte Reinigungsstufe angeschlossen werden braucht, um eine entsprechende Nachentsorgung durchführen zu können.

Das im Abwasser nach der oxidativen Entfernung der Kohlenstoffverbindungen vorhandene Nitrat entsteht durch die Tätigkeit nitrifizierender Bakterien in einer Zwei-Schritt-Reaktion (Abb. 28): Zunächst werden Ammonium-Ionen (NH_4^+) bei Abbauprozessen vor allem aus den Proteinen der organischen Substanz im Abwasser durch mikrobiologische Desaminierungsreak-

131

Mikrobielle Stickstoffeliminierung aus kommunalen Abwässern

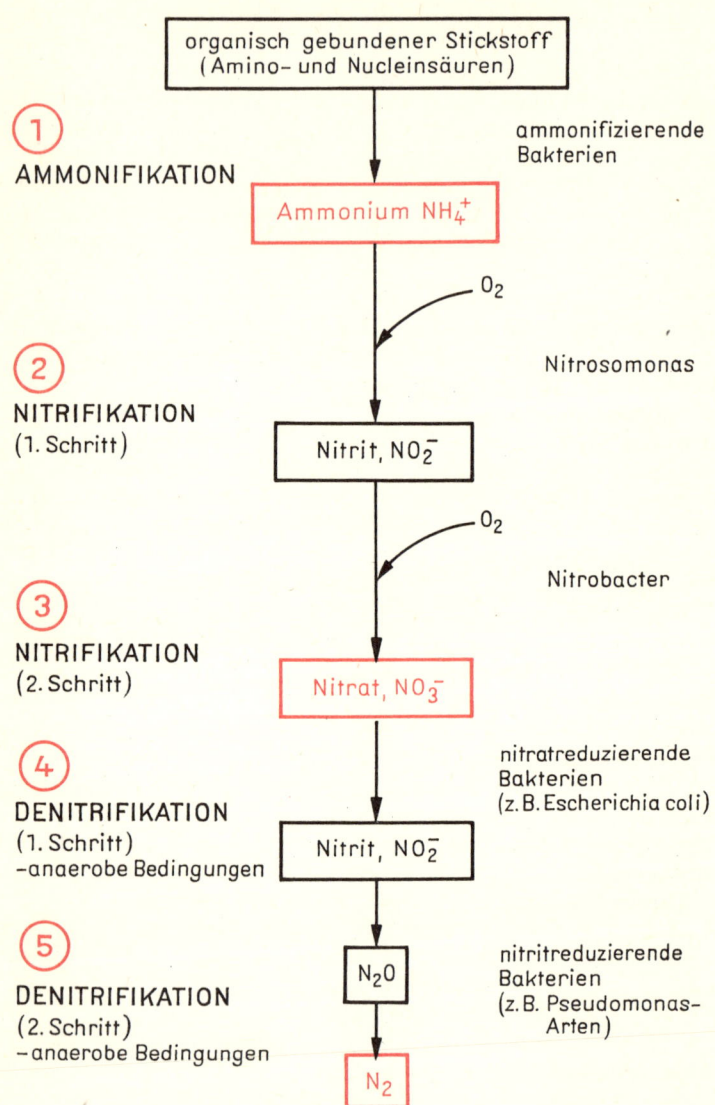

1 AMMONIFIKATION

organisch gebundener Stickstoff (Amino- und Nucleinsäuren)

ammonifizierende Bakterien

Ammonium NH_4^+

O_2

2 NITRIFIKATION (1. Schritt)

Nitrosomonas

Nitrit, NO_2^-

O_2

3 NITRIFIKATION (2. Schritt)

Nitrobacter

Nitrat, NO_3^-

4 DENITRIFIKATION (1. Schritt) –anaerobe Bedingungen

nitratreduzierende Bakterien (z.B. Escherichia coli)

Nitrit, NO_2^-

5 DENITRIFIKATION (2. Schritt) –anaerobe Bedingungen

nitritreduzierende Bakterien (z.B. Pseudomonas-Arten)

N_2O

N_2

tionen freigesetzt. Ammonium-Ionen entstehen aber auch (bei landwirtschaftlichen Abwässern meist in großem Maße) aus der Spaltung des Harnstoffs durch Mikroorganismen.

Die beiden Schritte der Nitrifizierung werden durch die »Nitrifizierer« unter den Bakterien durchgeführt. Für diese Bakterien – *Nitrosomonas* und *Nitrobacter* – bedeutet die Oxidation von Ammonium zu Nitrat Energiegewinn. Die Nitrifikation findet in der aeroben Abwasserreinigung in der Oxidationsstufe statt. Besonders günstig sind die Bedingungen für Nitrifizierer, wenn die Belastung der zu reinigenden Abwässer mit organischen Stoffen relativ gering ist. Die Nitrifizierung kann aber auch in einem gut belüfteten nachgeschalteten Becken mit geringer Durchflußrate (Nitrifizierer vermehren sich sehr langsam) durchgeführt werden.

Um den Stickstoff aus dem Abwasser zu entfernen, ist zunächst einmal diese Reaktion notwendig, weil die Denitrifizierer unter den Bakterien Nitrat als Ausgangssubstanz für die Reduktion zu N_2 verwenden. Die Reaktion von Ammonium zu N_2 muß also immer über NO_3^- führen.

Demgegenüber steht auch die »chemische« Möglichkeit (die allerdings für kommunale Anlagen nicht in Frage kommt) des sogenannten »Stripping-Prozesses«: Hier braucht das Gleichgewicht

$$NH_4^+ + OH^- \underset{pH < 7}{\overset{pH > 7}{\rightleftharpoons}} NH_3 + H_2O$$

durch Alkalisierung nur auf die Seite des leicht flüchtigen NH_3 verschoben zu werden, um NH_4^+ aus dem Abwasser zu entfernen. Diese Variante wird in der Natur oftmals bei der Lagerung von Gülle oder bei der Düngung durch die Tätigkeit des Bakteriums *Proteus vulgaris* realisiert. Hier ist sie aber alles andere als erwünscht. In jüngster Zeit hat man auch festgestellt, daß in der Nähe von gülle-intensiven Betrieben an Pflanzen ähnliche Erscheinungen wie bei hoher SO_2-Belastung der Luft auftraten, die auf hohen Ammoniakgehalt der Luft zurückzuführen sind.

Während die aerobe Reaktion zum Nitrat unter O_2-Verbrauch verläuft, wird bei der Reduktion des NO_3^- zum N_2 ein organisches Substrat als Wasserstoffspender benötigt. Darin besteht auch die technologische bzw. ökonomische Schwierigkeit der

Abb. 28   Die beiden Schritte der Nitrifizierung werden durch die »Nitrifizierer« unter den Bakterien durchgeführt. Für diese Bakterien – Nitrosomonas und Nitrobacter – bedeutet die Oxidation vom Ammonium zu Nitrat Energiegewinn.

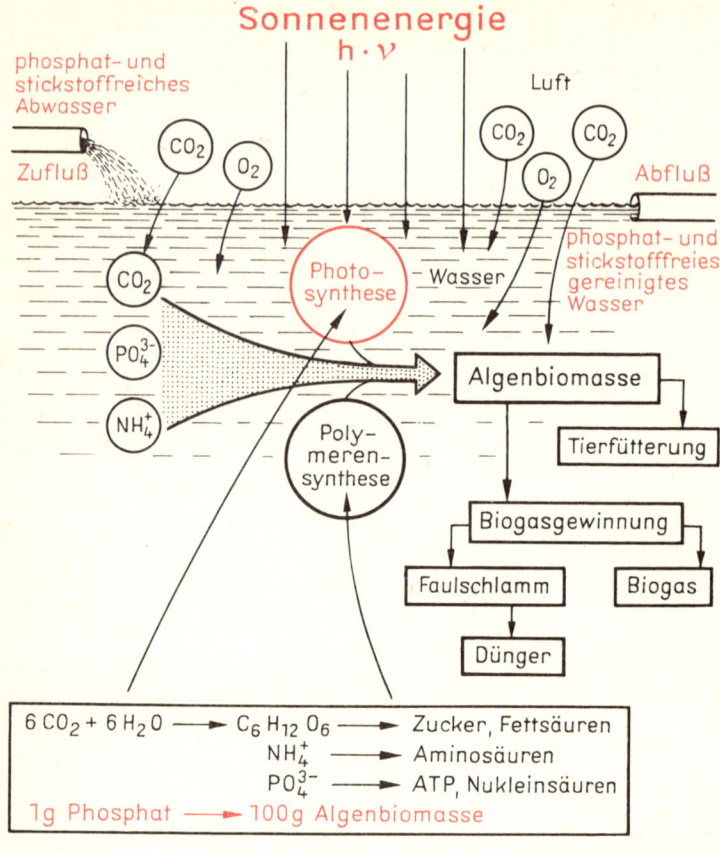

Abb. 29 Stickstoffeliminierung in der 3. Reinigungsstufe. Die Entfernung schädlichen Nitrats kann durch denitrifizierende Bakterien erfolgen. Dies erfordert aber die gleichzeitige Gabe definierter Kohlenstoffquellen, so daß nach ökonomischeren Prozeßvarianten gesucht wird: Die Möglichkeit, ammonium- bzw. nitrathaltiges Abwasser an Algen zu verfüttern, erspart zwar die Kohlenstoffzugabe, ist aber durch ihre Abhängigkeit vom Sonnenlicht problematisch.

Stickstoffeliminierung: In der 3. Reinigungsstufe muß dem bereits von organischer Substanz befreiten Abwasser wieder eine von den Denitrifizierern verwertbare Kohlenstoffquelle zugesetzt werden. Nun könnte man daran denken, einen geringen Teil unbehandelten, kohlenstoffreichen Abwassers dem Denitrifikationsbecken zuzuleiten. Dies birgt allerdings durch schwankende Zusammensetzung wieder Gefahren für die Stabilität des Prozesses. So hat man sich wohl oder übel für die Zugabe definierter Kohlenstoffquellen entscheiden müssen. Hier werden natürlich billige C-Quellen wie beispielsweise Methanol eingesetzt, sehr kostengünstig ist das Ganze aber auch nicht.

Es bleibt die Möglichkeit, ammonium-bzw. nitrathaltiges Abwasser an Algen zu »verfüttern« (die ihren Kohlenstoff ja aus der Luft beziehen). Die Algen können dann ihrerseits als Futtermittel oder zur Biogasgewinnung eingesetzt werden. Der Nachteil dieses Verfahrens: Die Algen benötigen für ihr Wachstum Sonnenlicht. Und selbst, wo dieses ausreichend zur Verfügung steht, braucht man natürlich große Flächen, um dieses aufzufangen (Abb. 29).

Aufgrund der Kohlenstoffbedürftigkeit der Denitrifikation arbeitet man weiter daran, Abfall-Kohlenstoffquellen auf ihre Eignung als Substrat für diesen Prozeß zu prüfen.

Aber auch im Hinblick auf die Reaktoroptimierung laufen die Forschungen: Anaerobe Bedingungen sind sehr gut in Tropfkörpern mit immobilisierten (nur schwer auswaschbaren) Bakterienzellen von Denitrifizierern wie *Pseudomonas denitrificans* zu realisieren. Hier wird nach günstigen Möglichkeiten für die Nitratentfernung aus dem Trinkwasser in Wasserwerken gesucht.

Pro Einwohner gelangen täglich 3,5–5 g Phosphate ins Abwasser, etwa 2 g, also rund 40%, davon kommen aus unseren Waschmitteln. Waschmittel enthalten diese in Form von kondensierten Phosphaten (z. B. als Pentanatriumtriphosphat). Indem sie eine Wasserenthärtung bewirken, helfen Phosphate wesentlich bei der Lösung des Schmutzes aus den Geweben. Man kann sie also nicht ohne weiteres einfach weglassen, ohne die Qualität der Waschmittel zu mindern. Andererseits sind da eben auch die großen Eutrophierungsprobleme, die ja hauptsächlich von Phospat-Ionen hervorgerufen werden. Denn in der Natur ist unter normalen Bedingungen Phosphat stets Mangelware. Tritt es in Gewässern vermehrt auf, kommt es sofort zur Massenvermehrung von Algen und Bakterien und damit zum gefürchteten Sauerstoffmangel. Die Aufschrift »phosphatfrei« ist also durchaus von ökologischer Relevanz. In phosphatfreien oder phosphatarmen Waschmitteln ist dieses durch Natrium-Aluminiumsilikate ersetzt. Ebenso sind auch andere Wasserenthärter und Komplexbildner wie beispielsweise Nitrilotriessigsäure in der Testung und im Einsatz.

Bei der Reinigung des Abwassers wird vorwiegend die chemische Phosphatfällung mit Eisen- oder Aluminiumsalzen angewandt. Die Eisen- und Aluminiumphosphate fallen dann aus der Lösung aus. Phosphate wurden vor oder nach der biologischen Oxidationsstufe entfernt.

Als biologische Varianten einer Phosphatentfernung aus dem Abwasser kommt zum einen die sogenannte Algen-Phosphat-Eliminierung in Oxidationsteichen oder -gräben, zum anderen die Phosphateliminierung mit dem Bakterium Acinetobacter in Frage.

Die Algen-Phosphat-Eliminierung ist ein unkompliziertes Verfahren: In Oxidationsteichen oder -gräben entwickeln sich unter dem Einfluß niedriger Kohlenstoffkonzentrationen und des Sonnenlichtes Grünalgen. Diese nehmen für ihren Stoffwechsel das im gereinigten Abwasser gelöste Phosphat auf und legen es damit als Biomasse fest. Man kann die Algen als Algen-Belebtschlamm-Gemisch ernten und einer anaeroben Methangärung zuführen. Der ausgefaulte Schlamm kann als phosphathaltiger Dünger Verwendung finden.

Die bakterielle Phosphateliminierung beruht auf folgender Beobachtung: Das in den Belebtschlammflocken vorkommende Bakterium Acinetobacter nimmt im Anschluß an eine kurze anaerobe Phase unter Sauerstoffüberschuß und Nitratmangel vermehrt Phosphat auf. Als Ergebnis dieser »Luxusaufnahme« wird das Überschußphosphat (welches nicht unmittelbar im Stoffwechsel der Zelle benötigt wird) als Polyphosphat in Form von Granula (Körnchen) in der Zelle gespeichert. Gelangt das Bakterium anschließend wieder unter Sauerstoffmangel, werden die Polyphosphatgranula in der Zelle wieder aufgelöst und das lösliche Phosphat in die Umgebung abgegeben (Abb. 30). Man kann nun dieses Verhalten (das noch nicht bis in alle Einzelheiten erforscht ist) biotechnologisch nutzen: Den Zellen werden im Oxidationsbecken die für die Phosphatakkumulation notwendigen Bedingungen (O_2-Überschuß, NO_3^--Mangel) geboten. Ist nun sämtliches Phosphat des Abwassers als Polyphosphat in den Bakterien festgelegt, werden diese abgetrennt. Damit wäre das Phosphat aus dem Abwasser entfernt. Die Zellen geben dann in einem zweiten, einem anaeroben Fällungsbecken das Phosphat wieder ab und lassen sich damit erneut im Oxidationsbecken einsetzen. Diesen Prozeß nennt man Phosphatstrip-Prozeß (von engl. to strip = abstreifen). Man erhält durch die Phosphatakkumulation in den Bakterien nach Freisetzung im Fällungsbecken eine Phosphatanreicherung. Das so angereicherte Phosphat kann effektiv chemisch gefällt werden.

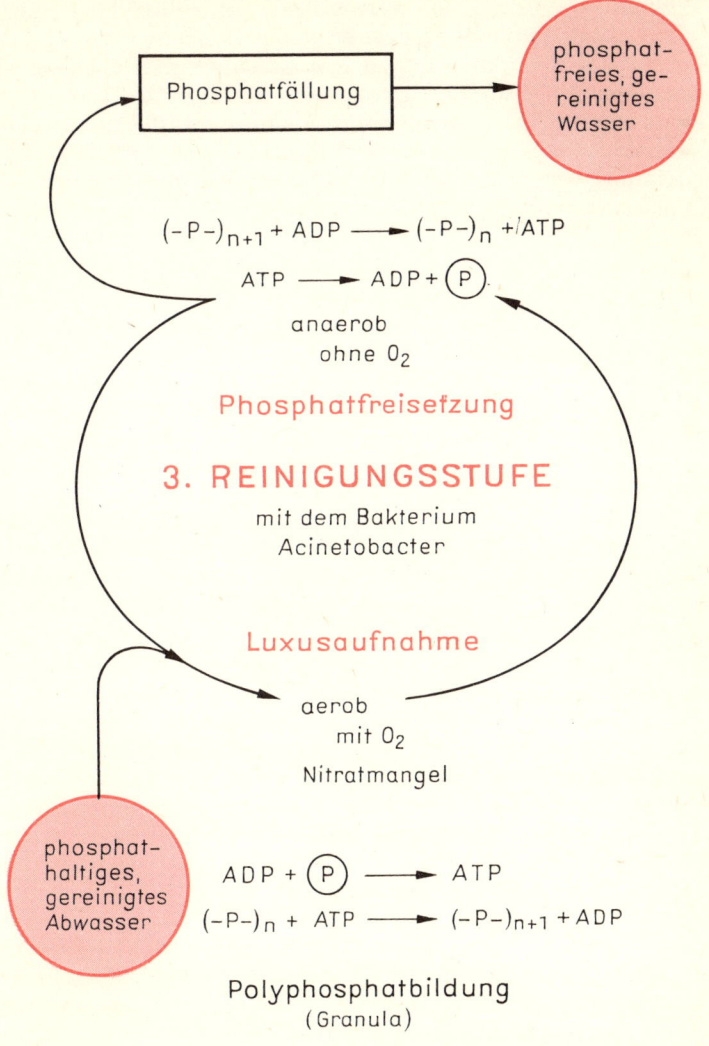

Phosphatfällung

phosphat-
freies, ge-
reinigtes
Wasser

$(-P-)_{n+1} + ADP \longrightarrow (-P-)_n + ATP$

$ATP \longrightarrow ADP + \textcircled{P}$

anaerob
ohne O_2

Phosphatfreisetzung

3. REINIGUNGSSTUFE

mit dem Bakterium
Acinetobacter

Luxusaufnahme

aerob
mit O_2
Nitratmangel

phosphat-
haltiges,
gereinigtes
Abwasser

$ADP + \textcircled{P} \longrightarrow ATP$

$(-P-)_n + ATP \longrightarrow (-P-)_{n+1} + ADP$

Polyphosphatbildung
(Granula)

Abb. 30 Phosphateliminierung in der 3. Reinigungsstufe: Der Wechsel
von Phosphatluxusaufnahme unter Sauerstoffüberschuß und Ausscheidung von Phosphat unter anaeroben Bedingungen, zu dem das Bakterium
Acinetobacter in der Lage ist, hat es zum Hauptakteur im biotechnologischen Phosphat-Strip-Prozeß werden lassen.

137

Ebenso wie die Stickstoffeliminierung bedarf die Phosphatentfernung auf mikrobiologischem Wege noch einer Bearbeitung, um die Verfahren effektiv und damit attraktiv zu machen. Bleibt zu erwähnen, daß die 3. Reinigungsstufe – ob chemisch oder mikrobiologisch – in Schweden, der Schweiz und den USA bereits obligatorisch ist.

Klärschlammbehandlung unter Luftabschluß – Endglied der aeroben Abwasserreinigung

Betrachten wir noch einmal das Funktionsschema einer biologischen Abwasserkläranlage. Nachdem wir viel über die mikrobiologischen Vorgänge im Herzstück der Anlage, dem aeroben Bioreaktor erfahren haben, bleibt noch die Frage zu beantworten, was aus der während der biologischen Reinigung entstandenen Biomasse (dem Belebtschlamm) wird. Wir wissen ja: Aus den zugeflossenen abbaubaren organischen Kohlenstoffverbindungen wird zu etwa 50% Kohlendioxid und Wasser und ebensoviel Belebtschlamm gebildet. Dieser Belebtschlamm ist ein Nebenprodukt der biologischen Abwasserreinigung. Er muß nun möglichst ökonomisch weiterverarbeitet werden. Aber auch in der Vorreinigung ist Schlamm angefallen, der einer Verarbeitung bedarf, weil er sonst unkontrolliert in Fäulnis übergeht und stinkt. Dieser Schlamm wird nun mit dem »Überschußschlamm« aus der Nachreinigung vereinigt und anaerob vergoren. Äußerlich betrachtet bedeutet das, daß der Fäulnisprozeß in geschlossenen Behältern kontrolliert abläuft. Dabei entsteht – und dies ist für die Entsorgung der gesamten Kläranlage von großer Wichtigkeit – ein Schlamm, der nicht mehr faulen kann und der auch vom hygienischen Standpunkt aus als unbedenklich gilt. Dieser wird in Schlammbeeten, deren Untergrund mit Drainagerohren versehen ist, entwässert bis er stichfest geworden ist. Dann kann er in der Landwirtschaft als Dünger eingesetzt werden. Ist er wegen zu hoher Schadstoffbelastung dazu nicht geeignet, wird er verbrannt oder deponiert. Die Entfernung von Schwermetallen aus dem Klärschlamm ist mit chemischen Mitteln möglich.

Aber nicht der gesamte Klärschlamm aus der Nachreinigung wird einer anaeroben Faulung zugeführt. Ein Teil wandert ins Kompostierungswerk, um bei der Beseitigung festen Abfalls zu helfen.

Schwermetallentfernung aus Klärschlämmen

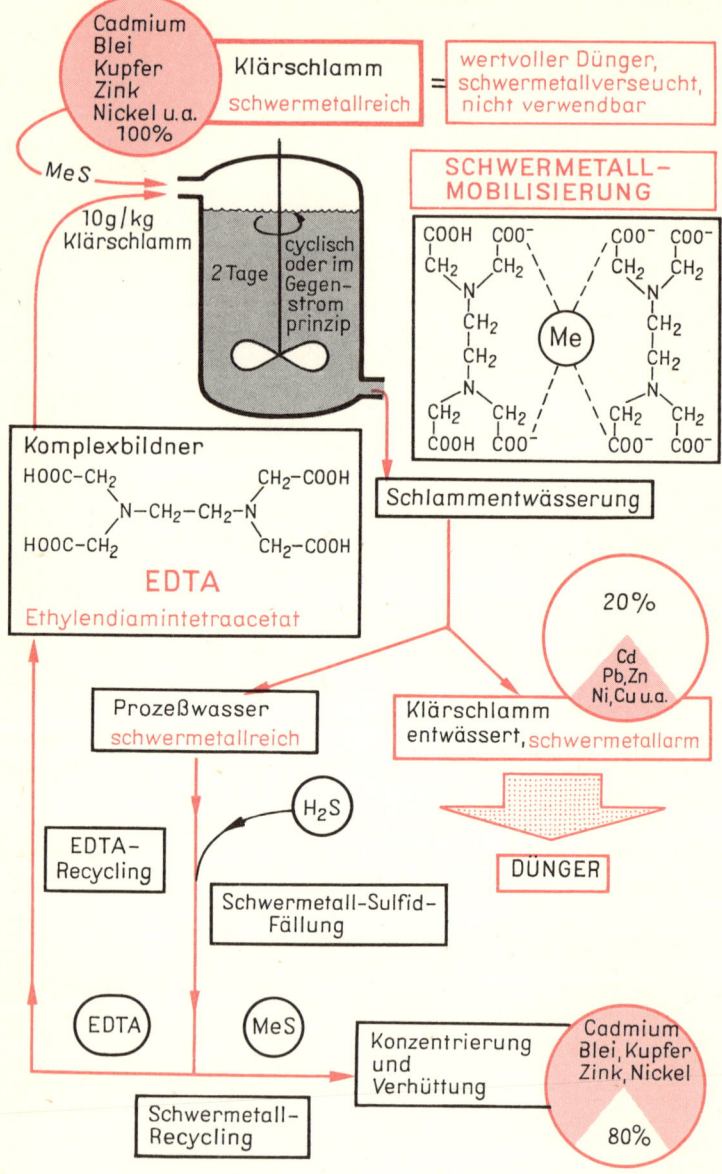

Cadmium
Blei
Kupfer
Zink
Nickel u.a.
100%

Klärschlamm
schwermetallreich

= wertvoller Dünger,
schwermetallverseucht,
nicht verwendbar

MeS

10g/kg
Klärschlamm

cyclisch
oder im
Gegen-
strom-
prinzip

2 Tage

SCHWERMETALL–
MOBILISIERUNG

CH_2 CH_2 CH_2 CH_2
$COOH$ COO^- COO^- COO^-
N   Me   N
CH_2 CH_2
CH_2 CH_2
N   N
CH_2 CH_2 CH_2 CH_2
$COOH$ COO^- COO^- COO^-

Komplexbildner

$HOOC-CH_2$ CH_2-COOH
            N$-CH_2-CH_2-$N
$HOOC-CH_2$ CH_2-COOH

EDTA
Ethylendiamintetraacetat

Schlammentwässerung

20%

Cd
Pb, Zn
Ni, Cu u.a.

Prozeßwasser
schwermetallreich

Klärschlamm
entwässert, schwermetallarm

EDTA-
Recycling

H_2S

DÜNGER

Schwermetall-Sulfid-
Fällung

EDTA

MeS

Konzentrierung
und
Verhüttung

Cadmium
Blei, Kupfer
Zink, Nickel

80%

Schwermetall-
Recycling

Es soll an dieser Stelle nicht auf die mikrobiologischen Grundlagen anaerober Schlammstabilisierung eingegangen werden. Hier interessiert mehr der technologische Prozeß und seine Einordnung ins Abwasserreinigungsgeschehen.

Die anaerobe Stabilisierung von Klärschlamm, die entsprechend der bearbeiteten Abwassermenge und deren Schmutzlast in einer Kläranlage in erheblichen Mengen anfällt, erfolgt in sogenannten Faultürmen (Abb. 32). Diese sind meist eiförmige oder zylindrische Bauten mit beachtlichen Volumina (500 bis 10 000 m³). In ihnen werden für die Schlammfaulung günstige Bedingungen realisiert, so beispielsweise eine Gärtemperatur um 35 °C sowie ein entsprechendes Umwälzen des Klärschlammes während der Gärung. So läuft im Faulbehälter ein dreistufiger Gärprozeß ab, dessen Produkte Biogas und ein nicht mehr gärfähiger Schlamm sind. In der ersten Stufe bauen Bakterien organisches Material, Kohlenhydrate, Proteine und Fette zu Fettsäuren ab. Diese Fettsäuren werden von sogenannten acetogenen (Essigsäure bildenden) Bakterien zu Essigsäure umgebaut. Ebenso entsteht auf dieser Stufe durch wasserstoffbildende Bakterien H_2. In der dritten Stufe sind die sogenannten Methanbakterien für die Bildung von Methan und CO_2, dem Biogas, aus Essigsäure, Wasserstoff und Kohlendioxid verantwortlich. Das Ganze ist ein hochinteressanter, aber auch recht komplizierter Prozeß, dessen technologische Nutzung – vor allem wenn es um hohe Raum-Zeit-Ausbeuten geht – es mitunter in sich hat.

Der Gesamtprozeß dauert unter gut regulierten Bedingungen 15 bis 20 Tage. Raumbelastungen von 4 kg Trockensubstanz pro Kubikmeter Faulschlamm werden erreicht. Bei einem Abbaugrad der organischen Substanzen von 60 % sind dies 2–2,5 m³ Biogas pro m³ Faulraum pro Tag.

Das entstehende Biogas wird direkt zu Heizzwecken genutzt, ebenso kann der Energiebedarf der Biogasanlage, möglicherweise des gesamten Klärwerkes durch Elektroenergiegewinnung in Ver-

Abb. 31 Klärschlämme sind häufig durch hohe Schwermetallgehalte kontaminiert und daher für eine landwirtschaftliche Nutzung nur bedingt oder nicht geeignet. Um Klärschlamm für Düngezwecke nutzbar zu machen, wurde ein Verfahren entwickelt, mit dem Schwermetalle aus dem Klärschlamm durch Einsatz des Komplexbildners EDTA entfernt werden. Nach der Schwermetallmobilisierung wird verbrauchtes EDTA regeneriert. Die Schwermetalle werden konzentriert und einer Nutzung zugeführt.

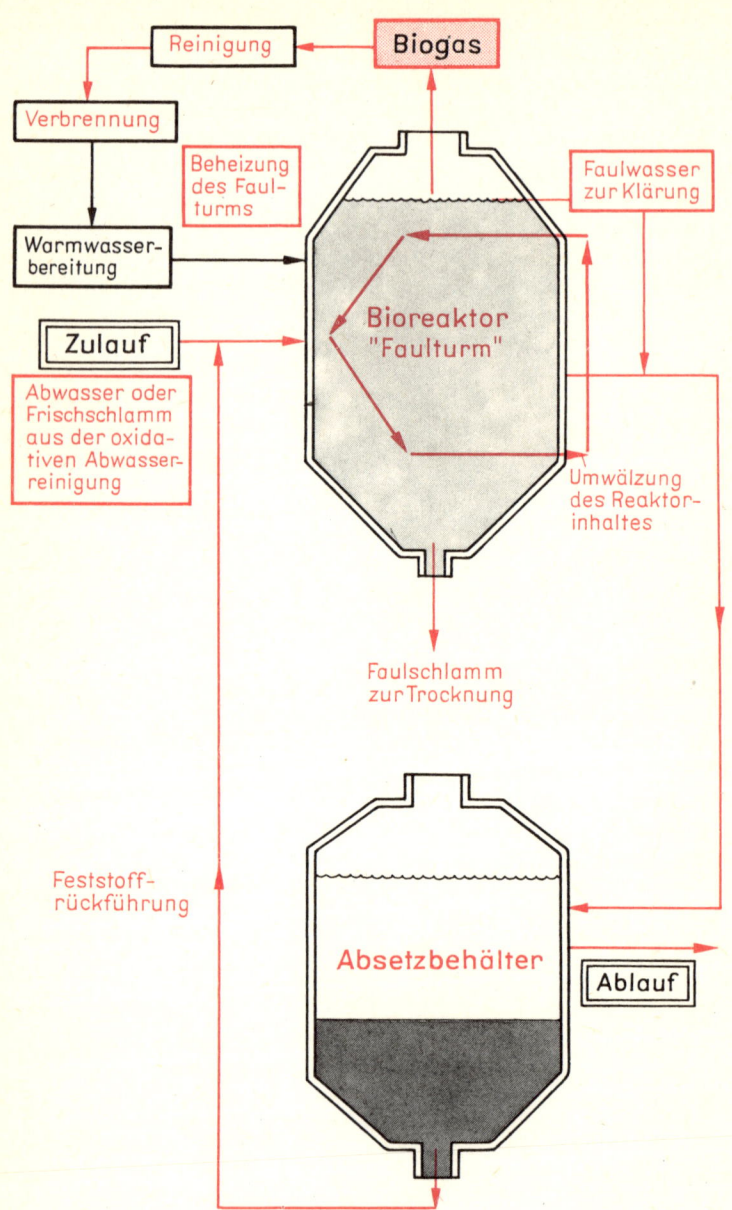

Reinigung

Biogas

Verbrennung

Beheizung des Faulturms

Faulwasser zur Klärung

Warmwasserbereitung

Bioreaktor "Faulturm"

Zulauf

Abwasser oder Frischschlamm aus der oxidativen Abwasserreinigung

Umwälzung des Reaktorinhaltes

Faulschlamm zur Trocknung

Feststoffrückführung

Absetzbehälter

Ablauf

brennungsmotoren gedeckt werden. Klärwerke können auf diese Weise energieautark betrieben werden.

Im Hinblick auf die Optimierung der Klärschlammstabilisierung gibt es eine Reihe interessanter Varianten. So wird beispielsweise versucht, diesen Prozeß in zwei Stufen in getrennten Reaktoren durchzuführen. Dabei soll eine bessere Prozeßstabilität erreicht werden.

Ein Verfahren zur enzymatischen Stabilisierung von Klärschlämmen wurde in jüngster Zeit in der DDR entwickelt. Durch Zusatz technischer Enzympräparate mit Cellulase-, Amylase- und Proteaseaktivität (z. B. dem sogenannten »Brauereienzym«) zum Klärschlamm erfolgt eine beschleunigte Spaltung von Biopolymeren (Cellulose, Stärke, Proteine) in die monomeren Bestandteile, die dann dem weiteren mikrobiologischen Abbau zur Verfügung stehen. Die Reaktionszeit wird auf diese Weise drastisch verkürzt, die Raum-Zeit-Ausbeute des Verfahrens also erheblich gesteigert.

Abb. 32   Faultürme sind großvolumige (500–10000 m³) Bioreaktoren, in denen die anaerobe Stabilisierung des Klärschlamms aus dem oxidativen Belebtschlammverfahren erfolgt. Produkte des dreistufigen Faulprozesses sind »ausgefaulter Klärschlamm« und Biogas. Biogas kann zur Beheizung des Reaktors verwendet werden, so daß die Schlammstabilisierung wärmeenergieautark betrieben werden kann.

Probleme mit Schwermetallen – biotechnologische Verfahren in der Erprobung

Schwermetalle sind in der öffentlichen Diskussion. Nicht zu Unrecht, denn ihre Konzentration in unserer Umwelt ist im Steigen begriffen. Vieles ist über Schwermetalle in den letzten Jahrzehnten geforscht worden, so daß man recht gut über ihre Wirkung im tierischen Organismus Bescheid weiß. Bevor wir allerdings die Frage, wie der Biotechnologe dem Schwermetallproblem zu Leibe rückt, beantworten, wollen wir uns einiges Grundwissen über Schwermetalle ins Gedächtnis rufen.

Schwermetalle werden jene rund siebzig Elemente genannt, deren Dichte größer als 5 ist. Die im Gegensatz dazu als Leichtmetalle bezeichneten etwa 15 Elemente (wie Natrium, Kalium, Magnesium, Aluminium) haben eine Dichte kleiner als 5.

Zu den wichtigsten Schwermetallen gehören Eisen (Fe), Kupfer (Cu), Blei (Pb), Zink (Zn), Zinn (Sn), Nickel (Ni), Chrom (Cr), Molybdän (Mo), Cadmium (Cd), Kobalt (Co), Quecksilber (Hg), Silber (Ag), Uran (U), Gold (Au) und Platin (Pt). Diese Stoffe kommen in der Natur in Form der verschiedensten Salze vor, werden vom Menschen aus der Erde gewonnen und zu vielfältigen Gütern verarbeitet. Sie fallen während der Förderungs- und Produktionsprozesse und nach Gebrauch als Abprodukte an. Somit unterliegen sie prinzipiell den gleichen Gesetzmäßigkeiten und Kreisläufen wie die organischen Stoffe.

Schwermetalle haben aber größtenteils auch Wirkstoffcharakter: Sie sind ebenso wesentliche Bestandteile aller Lebewesen wie Kohlenstoff, Wasserstoff, Sauerstoff, Stickstoff, Phosphor oder Schwefel. In geringsten Konzentrationen (daher auch der Name Spurenelemente) erfüllen sie im Stoffwechsel von Mikrobe, Pflanze und Tier wichtige Aufgaben. Man hat daher für einige von ihnen auch den Ausdruck »Hochleistungs- oder katalytische Elemente« geprägt. In der Tat sind die enormen Stoffumsätze bei

Wert, Temperatur, C- und Energiequellen) gesorgt werden, bei denen die Adsorption oder Akkumulation mit maximaler Rate erfolgen. In der zweiten Stufe kann dann eine Freisetzung der Schwermetalle mit anschließender Wiederverwendung der Mikroben angestrebt werden, oder aber nach Abtrennung der Biomasse dieselbe verhüttet werden. Bevorzugt ist natürlich die Wiederverwendung der Mikrobenbiomasse.

Schwermetalle gelangen auf verschiedenen Wegen in unsere Umwelt. Zunächst aber müssen wir davon ausgehen, daß uns in

Tabelle 10 *Schwermetalle in unserer natürlichen Umwelt*

Schwermetall	Gehalt in der Erdkruste (g/t)	durchschnittl. Gehalt i. Boden (ppm)[1]	durchschnittl. Gehalt i. Pflanz. (ppm)[1]
Eisen (Fe)	50 000	40 g/kg	300–4 500
Mangan (Mn)	1 000	850	50
Chrom (Cr)	200	200	5
Nickel (Ni)	80	40	0,5
Zink (Zn)	65	50	3
Kupfer (Cu)	45	30	5–15
Cobalt (Co)	23	8	0,2
Blei (Pb)	15	Spuren	Spuren
Molybdän (Mo)	1	3	0,2
Thallium (Tl)	1	Spuren	Spuren
Quecksilber (Hg)	0,5	Spuren	Spuren
Cadmium (Cd)	0,2	0,1	0,01

[1] ppm = engl. parts per million, = mg/kg

Abb. 33 Bioadsorption und Bioakkumulation stellen jene Fähigkeiten von Mikroben dar, mit deren Hilfe Schwermetalle aus Abwässern biotechnologisch entfernt werden können: Schwermetallreiches Abwasser (A) wird im Bioreaktor mit geeigneten Mikroben (B) versetzt und gründlich durchmischt (C). Mit automatisierten Analysenmethoden läßt sich der Verlauf von Bioakkumulation oder Bioadsorption genau verfolgen (D). Die Kinetik zeigt: Die Entfernung der Schwermetalle erfolgt um so schneller, je höher die verwendete Biomassekonzentration ist. Nach möglichst vollständiger Bindung der Schwermetallionen an die Biomasse wird diese vom nunmehr schwermetallarmen Abwasser getrennt (E). Das Abwasser wird einer weiteren Reinigung zugeführt. Diese schwermetallreiche Biomasse wird entweder verhüttet oder nach Abtrennung der Schwermetallionen erneut zur Schwermetallentfernung eingesetzt (F).

der natürlichen Umwelt (Boden, Wasser, Pflanzen, Tiere) Schwermetalle in quasi »natürlichen« Konzentrationen umgeben (siehe Tab. 10). Diese Konzentrationen sind sehr gering und es kommt durch sie zu keiner negativen Beeinflussung der Biosphäre. Im Zuge industrieller und gewerblicher Prozesse fallen Schwermetalle in großen Mengen an. Bergbauabwässer, Abwässer der metallverarbeitenden Industrie, aber auch der chemischen Industrie und der galvanischen Betriebe und Druckereien sind Hauptlieferanten von Schwermetallen. Die Abwässer dieser Industriezweige müssen aufgrund der mitunter extrem hohen Schwermetallgehalte vor dem Einleiten in das kommunale Abwassernetz entsorgt werden. Hier kommen bisher chemische Verfahren zur Ausfällung der Schwermetalle als schwerlösliche Salze oder Ionenaustauschverfahren in Frage. Die Rückgewinnung hat meist nicht vordergründig umweltschonende Funktion, sondern dient besonders bei Schwermetallen wie Uran, Radium, Silber oder anderen Edelmetallen der Rückführung wertvoller Rohstoffe in den Produktionsprozeß. Neben den durchaus bewährten chemischen Methoden sind in jüngster Zeit auch biotechnologische Verfahren in der Erprobung.

Bevor wir uns mit den biotechnologischen Möglichkeiten der Schwermetallentsorgung beschäftigen, muß noch einmal auf Schwermetalle in kommunalen Abwässern eingegangen werden. Dies ist notwendig, weil gerade im kommunalen Abwasser, dem daraus anfallenden Klärschlamm, aber eben auch in Flüssen, Seen und Küstengebieten der Meere der Schwermetallgehalt im Steigen begriffen ist. Offenbar gibt es also Abwässer, deren Entsorgung mit chemischen Methoden nicht oder nicht im erforderlichen Maße erfolgt. Zum anderen entstehen im kommunalen Bereich auch Abwässer mit steigenden Schwermetallkonzentrationen als Folge veränderter Lebensgewohnheiten. Der Abwasserfachmann merkt das in erster Linie am steigenden Schwermetallgehalt seiner Klärschlämme und mitunter an der gestörten mikrobiologischen Stabilisierung frischer Klärschlämme. Auch kann der Betrieb von Belebtschlamm-Kläranlagen durch zu hohe Schwermetallgehalte behindert werden.

Mit der Schwermetallsituation ist es wie mit den allermeisten Umweltproblemen auch: sie lassen sich nicht mehr mit fehlendem technischen »Know-how« entschuldigen. Es ist heute kein Problem mehr, Abwasser – ganz gleich, welcher Herkunft – so zu entsorgen, daß es dem Vorfluter ohne Bedenken (eventuell über Sicherheits- und Schönungsteiche) zugeführt werden kann. Die Biotechnologie hat in den letzten Jahren auch hier Möglichkeiten angeboten, Schwermetalle auf »sanfte« Art und Weise aus dem Abwasser zu entfernen. Die Vorteile biotechnologischer Verfahren liegen darin, daß zur Entfernung durch Fällung nicht erneut mit Chemikalien gearbeitet werden muß. Desweiteren ergeben sich Kopplungsmöglichkeiten, um »auf einen Streich« mehrere Abwasserinhaltsstoffe zu entfernen. Davon soll kurz die Rede sein.

Vereinfacht betrachtet, handelt es sich bei Bioadsorption oder Bioakkumulation um Konzentrierungsprozesse: Aus einem großen Wasservolumen werden die Schwermetallionen »herausgefischt« und auf oder in der Biomasse konzentriert. Daß Mikroben hier Erstaunliches leisten können, zeigt folgendes Beispiel: Eine adaptierte Kultur der Bakterien *Staphylococcus aureus, Pseudomonas maltophila* und weiterer nicht näher gekennzeichneten Bakterien ist in der Lage, pro Gramm Biomasse pro Stunde 20 mg Silber (Ag^+) aufzunehmen. Nach 15 Stunden können also 300 mg Ag^+ pro Gramm Biomasse »geerntet« werden. Eine solche hohe Konzentrierungsrate gegen den natürlichen Konzentrationsgradienten ist natürlich nur mit entsprechendem energetischen Aufwand zu erreichen. Deshalb müssen den Mikroben auch genügend schnell und hocheffektiv assimilierbare Energiequellen in Form organischer Verbindungen (z. B. Zucker) zur Verfügung gestellt werden. Ein Produktionsabwasser, welches beispielsweise Methanol und Silber enthält, kann auf elegante Art und Weise zweistufig entsorgt werden: Zunächst züchtet man eine große Menge Bakterien, die Methanol als Kohlenstoff- und Energiequelle nutzen können (sogenannte methylotrophe Bakterien) und die bei entsprechend hoher Schwermetallresistenz zu Bioadsorption oder Bioakkumulation von Ag^+ befähigt sind, an. Diese werden dann in Form eines sich ständig vermehrenden Biofilters mit dem Abwasser in Kontakt gebracht (beispielsweise in großen Tauchstrahlfermentoren) und befreien dieses von Methanol und Silber.

Das Verfahren der Bioadsorption wird zur Gewinnung von Ionen aus sehr stark verdünnten Lösungen mit verschiedensten Mikroorganismen, beispielsweise der Bierhefe *Saccharomyces cerevisiae* oder den in der Antibiotikaproduktion »anfallenden« Strahlenpilzen *Streptomyces viridochromogenes* und *Actinomyces levoris* durchgeführt.

Ein bisher weitgehend nur chemisch lösbares Problem ist die Entsorgung von Klärschlämmen. Klärschlämme aus der oxidativen Abwasserreinigung bestehen zum größten Teil aus mikrobieller Biomasse, und bereits im Oxidationsbecken treten Adsorptionen von Schwermetallen an dieser Biomasse auf. Hinzu kommt eine quasi »natürliche« Ausfällung von Schwermetallionen als Sulfide, so daß Klärschlamm in Abhängigkeit von der Abwasser-Schwermetall-Belastung unterschiedlich stark schwermetallhaltig ist. Hochbelasteter Klärschlamm (und die meisten Klärschlämme sind dies) kann nicht als Dünger in der Landwirtschaft eingesetzt werden. Es wurde daher nach Verfahren gesucht, die im Klärschlamm festgelegten Schwermetallionen zu mobilisieren (herauszulösen). Ist dieses beispielsweise durch Komplexbildner geschafft, müssen die in gelöster Form vorliegenden Schwermetallkomplexe chemisch wieder zerstört und die Schwermetalle wiederum ausgefällt werden. Eine umständliche Angelegenheit, die sich aber so lange nicht umgehen läßt, solange unser Abwasser noch zu viel Schwermetalle enthält. (Abb. 31)

Höchste Disziplin bei den Betreibern von Anlagen mit Schwermetallemission ist hier notwendig. Geschaffen wird diese nur durch sinnvolle administrative Maßnahmen (z. B. Sammeln der Abwässer von Kleinstbetrieben, beispielsweise Fotoanstalten), härteste Bestrafung von Einleitungsverstößen nach dem Verursacherprinzip und industrieseitig durch hohe Investitionen im Umweltbereich. Dies alles erfordert sehr viel Geld und kluge Umwelt- und Wirtschaftspolitik. Die Mikroben geben – wie wir sehen – immer wieder »ihr Bestes«. Ihre Gratisleistungen nutzen wir. Nun ist unser Beitrag gefragt.

Biowirkstoffe –
hochwirksam und umweltfreundlich

Der Abbau von Naturstoffen und vom Menschen produzierter Fremdstoffe ist das mikrobiologische Leistungspotential, welches derzeit für die Belange des Umweltschutzes am besten genutzt wird.

Aber Mikroben verfügen nicht nur über famose abbauende Eigenschaften, sie besitzen darüber hinaus ein ungleich größeres Potential an Synthesefähigkeiten. Allein die Stoffklasse der Antibiotika, mit deren Entdeckung ein neuer Abschnitt in der Naturstoffchemie eingeleitet wurde, umfaßt heute rund 6500 bekannte Verbindungen. Jährlich werden etwa 150 neue Strukturen entdeckt. Die Fülle der tatsächlichen in der Natur vorkommenden Wirkstoffe ist derzeit unüberschaubar. Wir wollen uns später noch etwas genauer damit beschäftigen, weil gerade diese Wirkstoffe einen wichtigen Pfeiler moderner Umweltbiotechnologie darstellen.

Abbildung 34 soll den Zusammenhang zwischen den mikrobiellen Stoffwechselprodukten und Umweltgestaltung verdeutlichen. Wir haben es im wesentlichen mit drei Gruppen von Stoffwechselprodukten und enzymatischen Reaktionen zu tun, die insbesondere in der Land- und Forstwirtschaft zur Erhöhung der Bodenfruchtbarkeit und als biogene Pestizide eingesetzt werden können. Eine Sonderstellung nimmt in gewisser Weise die mikrobiologische Umwandlung von Luftstickstoff (N_2) zu Ammoniak (NH_3) ein. Obschon am Gesamtprozeß symbiontischer Stickstofffixierung eine ganze Reihe von Wirkstoffen, die eben erst das Zustandekommen der symbiontischen Strukturen von Bakterien und Pflanze ermöglichen, beteiligt sind, handelt es sich doch primär um eine enzymatische Reaktion (die sogenannte »Nitrogenase-Reaktion«), die eine wichtige Größe im Stickstoffhaushalt der Natur ist.

Mikrobielle Stoffwechselprodukte

Einsatz in Umweltschutz und Umweltgestaltung

LANDWIRTSCHAFT

Wirkstoffe

Antibiotika, pflanzen- und insektenpatho-gene Toxine

Phytoeffektoren

Pflanzenschutz und Steuerung der Pflanzenproduktion

= biogene Pestizide (Fungizide, Herbizide und Insektizide)

= Wirkstoffe zur Wachstumsregulation von Nutzpflanzen (z.B. Reifehormone)

Nutztierhaltung (Antibiotika)

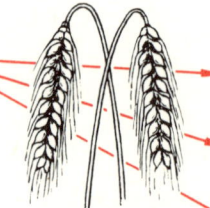

Ammonium

aus Luftstickstoff

Konservierung von Futtermitteln (Silage)

Bodenfruchtbarkeit

= Stickstoffdüngung

= Phosphatmobilisierung

= Rhizosphäreneffekte

organische Säuren, Bio-Schwefelsäure

Komplexbildner

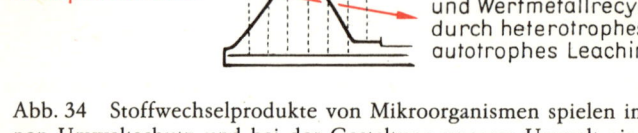

INDUSTRIE

Resourcenerschließung und Wertmetallrecycling durch heterotrophes oder autotrophes Leaching

Abb. 34   Stoffwechselprodukte von Mikroorganismen spielen im modernen Umweltschutz und bei der Gestaltung unserer Umwelt eine zunehmende Rolle.

Die erste Produktklasse (»Komplexbildner«) wird im wesentlichen von organischen Säuren und einigen komplizierten sekundären Naturstoffen gebildet. Sie werden von Mikroben im Boden ausgeschieden und dienen der Beschaffung von Nährstoffen, beispielsweise, indem sie schwer lösliche anorganische Salze löslich und damit für Mikroorganismus und Pflanze als Nährstoffe verfügbar machen. Die sogenannte Phosphatmobilisierung im Boden ist ein Beispiel dafür, wie Mikroben mittels ihrer Stoffwechselprodukte Beiträge zur Erhöhung der Bodenfruchtbarkeit liefern. Sie nützen den Pflanzen und uns Menschen, indem sie sich selbst günstige Lebensbedingungen schaffen. Ein wichtiges ökologisches Grundprinzip ist hier verwirklicht: das gleichberechtigte Nebeneinander zum Nutzen aller.

Die Ausscheidung großer Mengen organischer Säuren (z. B. Zitronensäure) durch Mikroben (denen wir dafür aber auch genügend verwertbare Zucker anbieten müssen) haben wir uns auch bei der Erschließung von Armerzen und bei der Gewinnung besonders wertvoller Schwer- und Edelmetalle aus festen Produktionsrückständen zunutze gemacht. Die sogenannte mikrobielle Erzlaugung (engl. leaching) wird bei der Erschließung von Kupfer, Uran, Zink, Nickel, Gold, Platin, Molybdän, Silber und Blei angewandt. Neben der Verwendung von Mikroben, die organische Säuren bilden (beim sogenannten »heterotrophen Leaching«), wird durch die Verwendung von chemolithotrophen Bakterien (den schwefeloxidierenden *Thiobacillus*-Arten), die in der Lage sind, reduzierte Eisen- und Schwefelverbindungen zu oxidieren, ein Verfahren der mikrobiellen Metallgewinnung aus Abraumhalden und der Aufbereitung nicht ökonomisch verhüttbarer Armerze entwickelt, das in seinen Auswirkungen einer Kombination zweier wichtiger umwelthygienischer Forderungen entspricht: Rohstoffgewinnung bei gleichzeitiger Verhinderung von Umweltkontamination durch Schwermetalle. Wir haben hier ein Beispiel einer ökonomisch und ökologisch sinnvollen Nutzung natürlicher Ressourcen vor uns.

Die Produktklasse mikrobieller Wirkstoffe, auf deren Vielzahl und Vielgestaltigkeit in Struktur und Wirkung schon hingewiesen wurde, hat für die Belange moderner Umweltgestaltung heute und besonders in der Zukunft große Bedeutung. Der Hinweis auf Antibiotika und andere pharmazeutisch wertvolle mikrobielle Wirkstoffe macht schon ihre Wichtigkeit für den Menschen in gesunden und kranken Tagen klar. Viele Seiten wären diesem hochinteressanten Kapitel zu widmen. Der spezieller interessierte Leser findet im Literaturverzeichnis hierfür tiefergehende Veröffentlichungen.

Wir wollen uns in diesem Rahmen etwas näher damit beschäftigen, welche Bedeutung mikrobielle Wirkstoffe und Mikroben, die diese bilden, für die Entwicklung umweltfreundlicher Biopestizide haben.

Gegenwärtig werden weltweit jährlich etwa eine Million Tonnen Pflanzenschutzmittel (sogenannte Pestizide) produziert und angewendet. Pflanzenschutzmittel schützen unsere Kulturpflanzen und damit unsere Ernten vor Insekten und parasitischen Pilzen. Darüber hinaus verhindern sie mit der Bekämpfung von Unkräutern auf unseren Äckern, daß den Nutzpflanzen wichtige

Nährstoffe im Boden entzogen werden. Unser Denken und das Produktions- und Vermarktungssystem, das auf maximale Erträge und minimale Verluste (auch wenn dadurch paradoxerweise in Westeuropa Berge nicht verwerteter Überschüsse entstehen) orientiert ist, ist derzeit unter Kritik. Sicher wird es hier in den nächsten Jahrzehnten ein Umdenken von Maximum zu Optimum geben. Biopflanzenschutzmittel können dabei helfen, da sie zu einer ökologischen Betrachtung landwirtschaftlicher Produktion beitragen und gleichzeitig praktische Mittel zur Realisierung dieser anbieten.

Derzeit werden fast alle verwendeten Pestizide chemisch synthetisiert: sie sind somit Fremdstoffe mit mehr oder minder großen Persistenzproblemen. Andererseits können und wollen wir auf diese Wirkstoffe nicht mehr verzichten. Dabei steigen die Kosten für deren Entwicklung ständig: 40–80 Millionen Mark müssen für die Entwicklung eines einzigen Wirkstoffs von der Synthese über die Testung von Wirkung und toxikologischer Bedenklichkeit ausgegeben werden. Das Ganze dauert im Mittel etwa 10 Jahre, von 8 000 im Labor neu synthetisierten Verbindungen wird nur eine einzige zu einem in der Praxis verwendbaren Präparat. Und dies ist gut so, denn vernünftigerweise sind die Hürden toxikologischer und ökologischer Eignungsprüfungen sehr hoch. Angesichts dieser Tatsachen sind heute Forschergruppen in der ganzen Welt um neue Suchstrategien bemüht. Ein wichtiges Konzept geht dabei von dem Gedanken aus, daß von Lebewesen produzierte Wirkstoffmoleküle in direktem strukturellen Zusammenhang mit ihrer in anderen Lebewesen hervorgerufenen Wirkung stehen (Abb. 35). Die unübersehbare Fülle von Daten aus der sogenannten Struktur-Wirkungs-Analyse bestätigt dies. Somit ist also die Chance, daß eine gefundene natürliche Verbindung Wirkstoffcharakter besitzt, höher als bei »willkürlich«

Abb. 35 Mikrobielle Wirkstoffe sind natürliche organische Verbindungen, die, vom Mikroorganismus hergestellt und in seine Umgebung eingegeben, auf andere Organismen – Mikroben, höhere Pflanzen und Tiere – wirken.
Ein Zweig der Umweltbiotechnologie, die Wirstofforschung, beschäftigt sich mit Anwendungsmöglichkeiten und biotechnologischer Gewinnung biogener Wirkstoffe. Antibiotika, biogene Fungi-, Herbi- und Insektizide finden Anwendung im Gesundheitsschutz, der Unkrautbekämpfung und der Bekämpfung von Schadinsekten. Biogene Wirkstoffe sind umweltfreundlich, weil sie mikrobiologisch sehr gut abbaubar sind.

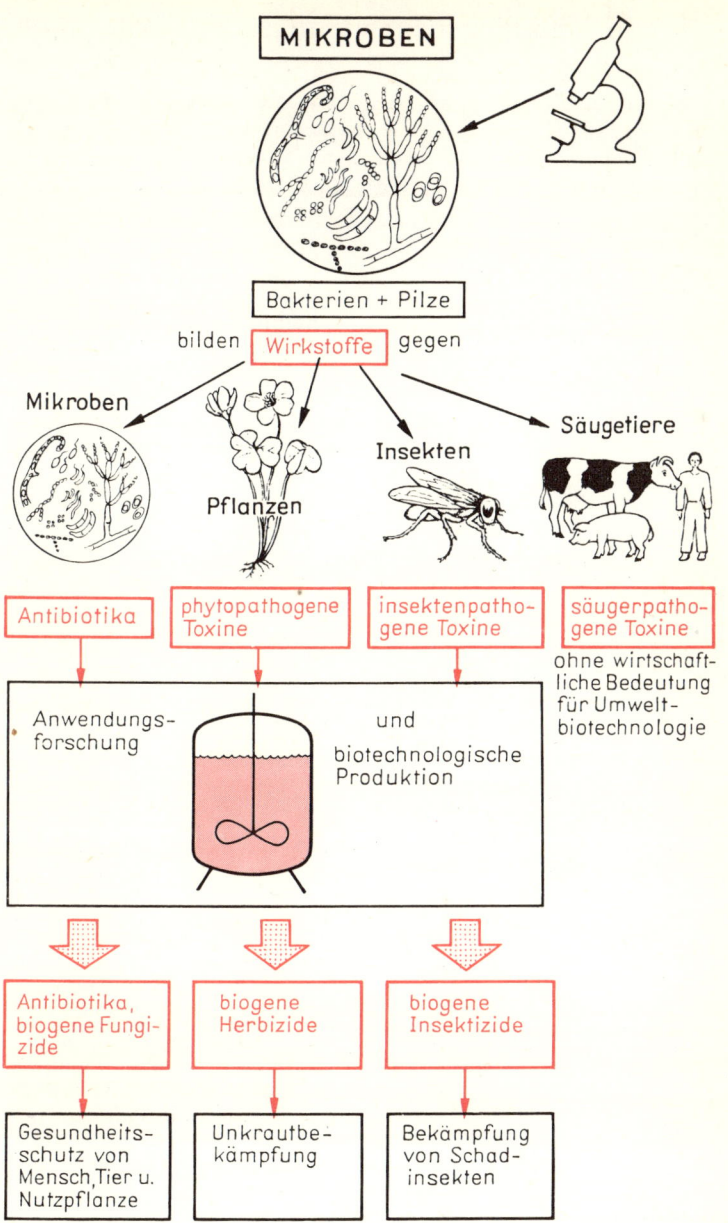

MIKROBEN

Bakterien + Pilze

bilden Wirkstoffe gegen

Mikroben

Pflanzen

Insekten

Säugetiere

Antibiotika

phytopathogene Toxine

insektenpathogene Toxine

säugerpathogene Toxine

ohne wirtschaftliche Bedeutung für Umweltbiotechnologie

Anwendungsforschung

und

biotechnologische Produktion

Antibiotika, biogene Fungizide

biogene Herbizide

biogene Insektizide

Gesundheitsschutz von Mensch,Tier u. Nutzpflanze

Unkrautbekämpfung

Bekämpfung von Schadinsekten

157

Biogene Schädlingsbekämpfungsmittel: PYRETHRINE

> ## Pyrethrum-Arten
> z.B. Chrysanthemum cinerariaefolium
> (Familie Korbblütengewächse)

Hauptanbaugebiete: Japan, Ostafrika, Jugoslawien,
Sowjetunion und Italien

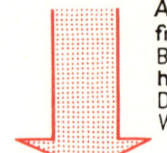

Aufbereitung:
früher: feines Zermahlen der
Blütenköpfe (Insektenpulver);
heute: Petrolether- oder
Dichlorethenextraktion der
Wirkstoffe

Pyrethrin I

Pyrethrin II

hochwirksame Kontaktgifte mit Sofortwirkung und fehlender
Warmblütertoxizität

aber: kurze Wirkungsdauer

chemische Insektizide

daher:

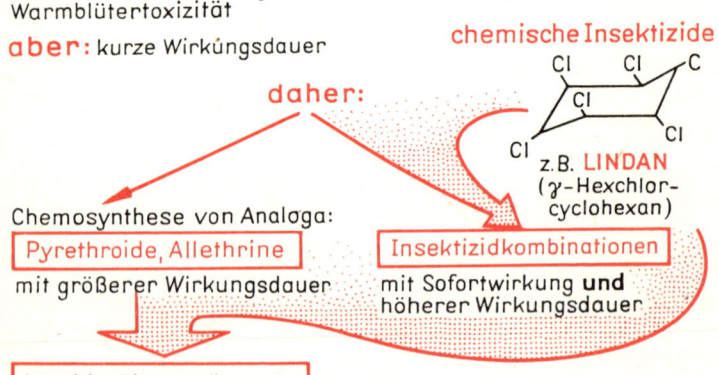

z.B. **LINDAN**
(γ-Hexchlor-
cyclohexan)

Chemosynthese von Analoga:

> Pyrethroide, Allethrine

mit größerer Wirkungsdauer

> Insektizidkombinationen

mit Sofortwirkung **und**
höherer Wirkungsdauer

> Kombinationspräparate

chemisch synthetisierten Stoffen. Die Praxis gibt dem immer wieder recht.

Das Bestreben, solche Verbindungen herzustellen, die große Wirksamkeit und Spezifität, gepaart mit guter Umweltverträglichkeit, besitzen, hat auf der Grundlage der Kenntnisse über mikrobiellen Fremdstoffabbau zu solchen Pestiziden geführt, die aus biologisch abbaubaren Strukturen bestehen.

Wichtige Fortschritte im Hinblick auf Fremdstoffbelastung unserer Umwelt sind dadurch entstanden, daß die Chemiker der Natur hochwirksame Strukturen abgesehen und diese bei der Synthese von neuen Wirkstoffen als Modelle verwendet haben. Auf diese Weise sind auf der Grundlage von »Naturstoff-Modellen« beispielsweise Insektizide (die sogenannten Pyrethroid-Insektizide) entstanden, die gut abbaubar und wirksamer als die natürlichen Modelle (die Pyrethrine aus Pflanzen der *Chrysanthemum*-Gattung) sind (vergl. Abb. 36).

Auf gleichem Wege ist in Japan auch ein Unkrautbekämpfungsmittel, das Herbizid NK-049, das erfolgreich gegen Ungräser auf Reisfeldern eingesetzt wird, entwickelt worden. Bei der Synthese des NK-049 hat ein Antibiotikum Modell gestanden: das Anisomycin, welches von *Streptomyces*-Arten gebildet wird. Es besitzt eine einfache chemische Struktur, die durch einige Veränderungen zu dem Herbizid geführt hat (Abb. 37). Wie der Naturstoff Anisomycin ist NK-049 mikrobiologisch sehr gut abbaubar.

Die Suche nach Möglichkeiten und Wegen, das große Potential biologischer Pestizide (Mikroben und deren wirksame Stoffwechselprodukte) nutzbar zu machen, ist ein wichtiger Zweig moderner Pestizidforschung. Besonders in sensiblen Bereichen unseres Alltags erweisen sich biologische Pestizide chemischen gegenüber überlegen. Nur ein Beispiel: Die Bekämpfung von Baumschädlingen macht sich mitunter auch im innerstädtischen Bereich notwendig. Hier muß man davon ausgehen, daß es zu einem direkten Kontakt zwischen dem Pestizid und den Menschen kommen

Abb. 36 Pyrethroide sind ein eindrucksvolles Fallbeispiel, wie natürlich vorkommende Wirkstoffe nach der Strukturanalyse vom Synthesechemiker als Modelle für Wirkstoffe mit verbesserten Eigenschaften und ebensoguter biologischer Abbaubarkeit verwendet werden. Beim Einsatz von Pyrethrinen und Pyrethroiden werden gleichzeitig die beiden Wege zur Wirkungsverbesserung der Präparate beschritten: Synthese von Analoga und Einsatz von Kombinationspräparaten.

Naturstoffe von Mikroorganismen – Modelle für chemische Wirkstoffe

Das **Modell**:   Der **Wirkstoff**:

biotechnologisch vom Strahlenpilz
Streptomyces griseolus produziert

vom Chemiker synthetisiert

antibiotische Wirksamkeit besonders gegen Protozoen, Wachstumshemmung bei Pflanzen

Wirksamkeit gegen Ungräser
im Reisanbau

Abb. 37 Die Wachstumshemmung von Pflanzen durch das Antibiotikum
Anisomycin hat japanische Chemiker inspiriert, den Wirkstoff NK-049 zu
synthetisieren. Dieser ist mikrobiologisch sehr gut abbaubar.

kann. Besonders in der Nähe von Kindereinrichtungen, Spielplät-
zen, Schulen und Krankenhäusern, aber auch in Naherholungsge-
bieten wird man also immer bestrebt sein, die Pestizidkonzentra-
tion so gering wie möglich zu halten. Darüber hinaus wird
natürlich die Wahl auf das »harmloseste«, für Mensch und Tier am
ehesten verträgliche Mittel fallen. Spezifität und geringe Toxizität
sind also gefragt. Hier kann das Biopestizid (beispielsweise ein
Präparat des Bakteriums *Bacillus thuringiensis* gegen verschiedene
Baumschädlinge) einem chemischen Insektizid durchaus überlegen sein, auch wenn es vielleicht in seiner Ausbringung und Abhängigkeit von Außenfaktoren komplizierter zu handhaben ist.
Wir können uns viele derartige Situationen vorstellen. Sie sind im
Kleinen nur ein Spiegelbild der globalen Situation: Schonender
Umgang mit diesem unserem Planeten zwingt zur Suche nach
neuen Wegen. Deshalb müssen biologische Pflanzenschutzmittel
und halbsynthetische Abwandlungen dieser Wirkstoffe sowie che-

160

misch synthetisierte Verbindungen nach Naturmodellen zu einer echten Alternative werden.

Man kann bei den Biopestiziden drei Gruppen unterscheiden: In die erste Gruppe lassen sich Präparate, die aus dem Mikroorganismus und dem von ihm gebildeten Wirkstoff bestehen (wobei der Wirkstoff oft erst während der Anwendung des Mikroorganismus gebildet wird), einordnen. In diese Gruppe gehören die wichtigen Insektizide auf der Basis von *Bacillus thuringiensis* und *Beauveria bassiana* sowie die Mycoherbizide (parasitische Pilze gegen Unkräuter).

Die zweite Gruppe biologischer Pflanzenschutzmittel stellen die Viruspräparate dar. Sie unterscheiden sich in vielem von bakteriellen und pilzlichen Präparaten. Mikrobielle Wirkstoffe (beispielsweise pflanzenpathogene Toxine) schließlich stellen die dritte, wohl im Moment komplizierteste Gruppe der Biopesticide dar.

Der Gedanke, Schadinsekten durch mikrobielle Parasiten eben dieser Insekten zu bekämpfen, ist bei weitem nicht neu: bereits in der ersten Hälfte des 19. Jahrhunderts wurde er erstmals veröffentlicht. Die vermutlich erste »großflächige« Anwendung eines Bioinsektizides (natürlich nicht unter dieser Bezeichnung) erfolgte im Jahre 1884 in der Ukraine: Mit Hilfe von 55 kg Sporen des insektenpathogenen Pilzes *Metarrhizium anisopliae* wurde der Kampf gegen den Rübenderbrüssler *(Bothynoderes punctiventris)* aufgenommen. Zu erwähnen ist, daß für diese Zeit die Anzucht eines Zentners pilzlicher Sporen durchaus eine ungewöhnliche biotechnologische Leistung darstellt.

Das wohl bedeutendste bakterielle Insektenbekämpfungsmittel ist derzeit das Bakterium *Bacillus thuringiensis*. Es bildet zwei Toxine (ɗ-Endotoxin und β-Exotoxin), die in Form verschiedener Präparate zusammen mit den Sporen des Bakteriums gegen Goldafter, Eichenwickler, Kohlweißling, Tannentriebwickler und andere Schadinsekten in Land- und Forstwirtschaft im Einsatz sind. Wichtig hierbei ist die hohe Selektivität des Präparates: Bienen werden in den Anwendungsgebieten nicht geschädigt (Abb. 38). *Bacillus thuringiensis*-Präparate werden gegenwärtig vor allem in den USA, der Sowjetunion und Frankreich hergestellt. Sie werden gegen eine Vielzahl schädlicher Lepidopteren (Schmetterlinge) angewandt: In den USA wurden in den siebziger Jahren über 1 Million Hektar im Kohl- und Tabakanbau mit verschiedenen *Bacillus thuringiensis*-Präparaten geschützt.

Ein weiteres Beispiel: Der Pilz *Beauveria bassiana* kann erfolgreich gegen den Kartoffelkäfer eingesetzt werden. Hier hat man

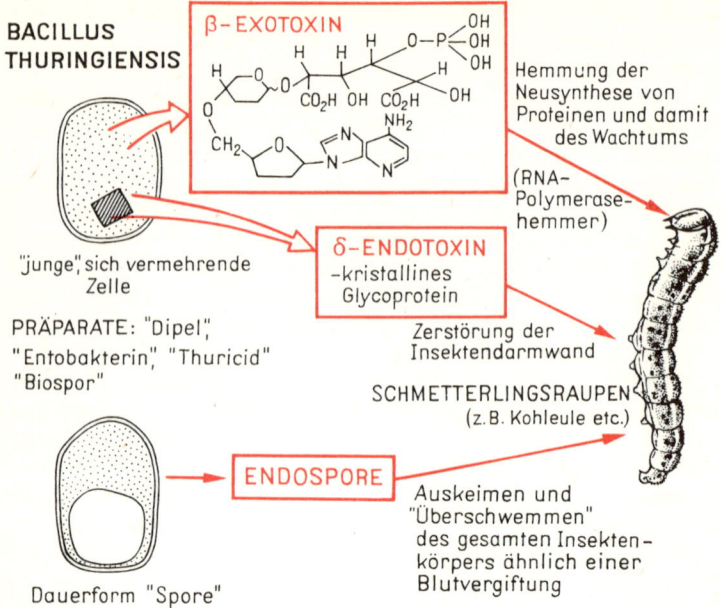

BACILLUS THURINGIENSIS

β–EXOTOXIN

Hemmung der Neusynthese von Proteinen und damit des Wachtums

(RNA–Polymerase–hemmer)

"junge", sich vermehrende Zelle

PRÄPARATE: "Dipel", "Entobakterin", "Thuricid" "Biospor"

δ–ENDOTOXIN –kristallines Glycoprotein

Zerstörung der Insektendarmwand

SCHMETTERLINGSRAUPEN (z.B. Kohleule etc.)

ENDOSPORE

Auskeimen und "Überschwemmen" des gesamten Insektenkörpers ähnlich einer Blutvergiftung

Dauerform "Spore"

Abb. 38 Das Bakterium Bacillus thuringiensis wurde von Berliner im Jahre 1909 in verendeten Mehlmotten aus einer Thüringer Mühle entdeckt und hat seitdem in vielen Ländern der Welt Anwendung als biogenes Insektizid gefunden.

besonders in der Sowjetunion und in den USA große Erfahrungen. Bei der Erprobung der *Beauveria bassiana*-Präparate ist man auf einen hochinteressanten Befund gestoßen: Durch gleichzeitige Gabe eines chemischen Kartoffelkäfer-Giftes und eines *Beauveria bassiana*-Präparates wird die Wirksamkeit dieser Kombination so erhöht, daß man mit rund 20 Prozent der chemischen Verbindung gleichhohe Bekämpfungserfolge erzielt. Dies bedeutet eine Einsparung von $^4/_5$ des chemischen Mittels und damit eine erhebliche Schonung der Umwelt. Gleichzeitig deutet sich eine Prinziplösung an: Kombination von chemisch synthetisierten und biologischen Wirkstoffen. Auf besonders »innige« und eindrucksvolle Art und Weise zeigen uns dies die halbsynthetischen Antibiotika: Die »Hälfte« des Antibiotikummoleküls liefert der Mikroorganismus, die andere »Hälfte« der Chemiker. Resultat: Das halbsynthetische Antibiotikum ist für seinen Einsatzzweck »maß-

162

geschneidert« und somit wirksamer als die Einzelprodukte von Natur und Synthesechemie (die mitunter beide unwirksam sein können!).

Der Gedanke, der zu den Mycoherbiziden geführt hat, ist prinzipiell der gleiche wie bei den Bioinsektiziden: Ein Parasit des zu bekämpfenden Unkrauts wird eingesetzt. Für die biologische Kontrolle von Unkräutern in Kulturpflanzenbeständen eignen sich pilzliche Parasiten dieser Unkräuter. Ein wichtiger Grund dafür ist die hohe Wirtsspezifität pilzlicher Erreger. Dies ist für eine selektive Bekämpfung einzelner Pflanzenarten, die mit anderen zusammen auf dem gleichen Feld wachsen, von Wichtigkeit. Die Verwendung von mikroskopischen Pilzen spiegelt sich im Namen Mycoherbizid (mykes = griech. der Pilz) wieder.

Die Bekämpfung von Unkräutern mittels pilzlicher Parasiten befindet sich noch weitgehend im Erprobungsstadium. Viele Fragen sind allgemein und für jeden Kandidaten speziell zu beantworten, bevor Mycoherbizide, wie die beiden US-amerikanischen Präparate »Collego« und »de Vine«, die seit 1982 im Gebrauch sind, verwendet werden dürfen.

All die wichtigen Fragen nach der Spezifik der Wirkung, der Persistenz nach der Anwendung, der möglichen autokatalytischen Verbreitung, also auch Fragen nach der ökologischen Sicherheit und der Unbedenklichkeit für Mensch und Tier, müssen beantwortet werden, und dies ist harte Forschungsarbeit. »Collego« und »de Vine« haben die harten Prüfungen der E. P. A. (US Environmental Protection Agency) bestanden. Heute werden sie als Mycoherbizide gegen Unkräuter in Citrusplantagen in Florida und im

Tabelle 11 *Mycoherbizide – Mittel zur biologischen Unkrautbekämpfung*

phytopathogener Pilz	Präparat	Unkraut
Puccinia chondrillina	1)	*Chondrilla juncea* (Knorpellattich)
Uromyces rumicis	1)	*Rumex crispus* (Ampfer)
Helminthosporium victoriae	1)	*Avena fatua* (Wildhafer)
Phytophtora palmivora	»de Vine«	*Morrenia odorata*
Colletotrichum gloeosporoides	»Collego«	*Aeschynomene virginica*

1) noch in Erprobung

Reis- und Sojabohnenanbau in Arkansas, Lousiana und Missississippi genutzt. Die verwendeten parasitischen Pilze sind *Phytophthora palmivora* und *Colletotrichum gloesporioides* (vergl. Tab. 11).

Die geringe Anzahl von Beispielen in Tabelle 11 zeigt uns, daß wir auf diesem hochinteressanten Feld angewandter Forschung noch am Anfang stehen. Die Notwendigkeit der Entwicklung weiterer biologischer Unkrautbekämpfungsmethoden wird unsere Tabelle in den nächsten Jahrzehnten erheblich erweitern.

Die zweite Gruppe von Biopestiziden stellen Viruspräparate dar. Viren sind kompliziert gebaute Makromolekülaggregate, bestehend aus Nukleinsäuren und Proteinen. In den Nukleinsäuren tragen sie die genetischen Informationen für ihre Vermehrung in einer Wirtszelle (Pflanzen-, Tier- oder Mikrobenzelle). Sie verhalten sich, indem sie sich vermehren, wie Lebewesen, und erst bei genauerem Hinsehen wird deutlich, daß sie keinen eigenen Stoffwechsel und keinen eigenen Vermehrungsapparat besitzen. Diese Lebensfunktionen werden vom Wirtsorganismus übernommen, der dann gleichzeitig erkrankt oder gar stirbt. Aus eigenem Erleben kennen wir den Verlauf von Viruskrankheiten. Entsprechend ihrem fehlenden Stoffwechsel können wir Viruspräparate bei den Wirkstoff-Biopestiziden einordnen. Die autokatalytische, »lebendige« Vermehrung allerdings läßt eine Zuordnung zu den Biopestiziden, den lebenden Organismen wie Bakterien oder Pilzen, ratsam erscheinen. Wir betrachten diesen Widerspruch, den wir nicht zu lösen vermögen, und entscheiden uns für eine eigenständige Gruppierung. Bedingt durch die Art und Weise ihrer Vermehrung, also ihrer unbedingten Abhängigkeit von ganz bestimmten Wirtsorganismen, ja einzelnen Zellgruppen des Wirts, ist es zu einer sehr hohen Spezifität der Wirkung als Pflanzenschutzpräparat gekommen. Zwar hat sich der Gedanke an eine absolute Spezifität im Laufe der Zeit nicht halten können, doch ist gerade die hohe Spezifität Kennzeichen dieser Präparate. In Gebieten Chinas, in denen zur Seidengewinnung Seidenraupen gezüchtet werden, kommt dem Kernpolyedervirus gegen den Hellen Goldafter *(Euproctis similis)*, der auf Maulbeerbäumen parasitiert, besondere Bedeutung zu. Maulbeerbäume sind bekanntlich die Futterpflanzen für den für die Region enorm wichtigen Echten Seidenspinner *(Bombyx mori)*. Die hohe Selektivität des Viruspräparates erlaubt somit eine Bekämpfung des Hellen Goldafters ohne Schädigung des Echten Seidenspinners. Diese Spezifität wird von keinem chemischen Insektizid erreicht.

Auf Viren als Mittel zur biologischen Bekämpfung von Schadinsekten ist man durch die Beobachtung, daß ganze Insektenpopulationen schlagartig zusammenbrechen können, wenn sie von bestimmten Krankheiten befallen sind, gekommen. Hier liegt ein weiterer entscheidender Vorteil von Biopestiziden auf Virusbasis: die sehr hohe Vermehrungsrate der Viruspartikel führt zu schneller Übertragung von einem Tier auf das andere und zu einem sehr schnellen Verlauf der Krankheit des Individuums bis zum Tod.

Schon bevor Viren überhaupt bekannt waren, hat man bei schädlichen Forstinsekten wie der Nonne *(Lymantiria monacha)* ein solches schlagartiges Zusammenbrechen von Populationen festgestellt. Die Beobachtung der schnellen Übertragbarkeit bestimmter Insektenkrankheiten, beispielsweise der Wipfelkrankheit der Nonne, hat bereits 1924 in der Tschechoslowakei zu Versuchen bei der Bekämpfung des Forstschädlings geführt, indem man »ganz einfach« Waldstreu aus einem Gebiet, in dem die Epidemie unter den Insekten zum Absterben der Nonnenpopulation geführt hatte, in einem Waldgebiet, in dem gesunde Insekten großen Schaden anrichteten, ausbrachte. Zwar sind diese Versuche damals erfolglos verlaufen, doch hat sich bis heute nichts am Prinzip der Verwendung von Virüspräparaten geändert: Infizierte, verendete Tiere dienen der Gewinnung von Viren, die dann in den betreffenden Gebieten auf die Futterpflanzen aufgebracht werden. Durch die Nahrungsaufnahme kommt es zur Übertragung des tödlichen Virus. Aber auch die Tatsache, daß zu Beginn unseres Jahrhunderts der Versuch in Böhmen keinen Erfolg zeigte, läßt uns vermuten, daß es ganz so einfach und unproblematisch eben doch nicht geht. Die Ursachen dafür liegen wiederum in der Natur der Viren selbst: Ist der Umgang mit Bakterien und Pilzen als Insektizide oder Herbizide schon von vielen biologischen und klimatischen Faktoren abhängig (worin übrigens der Hauptnachteil biologischer Präparate gegenüber chemischen Wirkstoffen überhaupt besteht), so sind Viren noch durch eine mitunter sehr hohe Empfindlichkeit gegenüber UV-Strahlung gekennzeichnet. Die Inaktivierungsrate von Viren, die an strahlungsintensiven Tagen in die Natur ausgebracht wurden, ist außerordentlich hoch. Man setzt den Präparaten sogenannte UV-Schutzmittel (Protektoren) wie beispielsweise Aktivkohlepulver oder Magermilchpulver zu. Die erfolgreiche Anwendung von Viruspräparaten erfordert auch eine genaue Kenntnis der Biologie des zu bekämpfenden Schädlings.

Die Spezifik der Vermehrung eines Virus bestimmt auch den Produktionsprozeß derartiger Präparate. Dieser ist ein biotechnologischer Prozeß, bei dem der Bioreaktor der Insektenlarvenkörper ist: Larvenstadien von zu bekämpfenden Insekten werden mit dem entsprechenden Virus beimpft. Das Virus vermehrt sich, das Insekt stirbt ab. Je nach Virus- und Insektenart erfolgt die Gewinnung der Präparate aus den Insektenleichen auf unterschiedliche, meist jedoch sehr einfache Art und Weise: Man läßt die an der Krankheit eingegangenen Insekten in Wasser ausfaulen, die Viruspartikel werden sodann von der Brühe abgetrennt, und man erhält ein im Prinzip schon einsatzfähiges Virusinsektizid.

In den USA gewinnen manche Farmer Viruspräparate gegen den Luzernefalter *(Colias enrytheme)*, indem sie mit Zusatzgeräten an den Feldbaumaschinen tote Raupen des Luzernefalters aus der Natur sammeln und durch Einweichen der Tierleichen letztendlich zu virushaltigen Brühen gelangen, die dann versprüht werden.

Die industriellen Herstellung von Virusinsektiziden erfolgt in automatisierten Massenanzuchten von Larvenstadien der entsprechenden Insekten. Infiziert werden diese Larven dann vorteilhaft mit dem Futter beigemischter Viren. Nachdem die Viren sich in den Larven vermehrt haben (aus einem Virus sind hundert bis mehrere Tausend Viren entstanden), werden die Larven homogenisiert (fein zerkleinert) und somit die Viren freigesetzt. Das Rohprodukt wird dann entsprechend den Anwendungsbedingungen konfektioniert, u. a. auch mit UV-Protektoren versetzt, und gelangt so in den Handel.

Wir wollen bei der sicherlich recht mühevollen Herstellung derartiger Präparate aber nicht vergessen, daß zum einen die Vermehrungsrate während des Produktionsprozesses – bedingt durch die Winzigkeit des Virus, auf kleinstem Raum – außerordentlich hoch ist. So entstehen in einer Blattwespenlarve *(Neodiprion sertifer)* aus einem zur Infektion benutzten Virus durchschnittlich 3 300 Virionen! Zum anderen vermehren sich diese Virionen bei richtiger Anwendung (und guten klimatischen Bedingungen!) mit einer ebensolchen Rate. Dies würde einer Situation entsprechen, in der aus einem chemischen Insektizidmolekül bei dessen Anwendung (im Körper des zu bekämpfenden Schädlings) innerhalb kurzer Zeit dreitausend Moleküle entstehen würden, von denen jedes einzelne sich in gleicher Weise weitervermehren kann. Aus eben diesem Grunde sind die Aufwandmengen von Insektiziden auf Virusbasis (als Gramm aktive Substanz pro Hektar) verglichen mit chemischen Präparaten sehr gering. Dies ist sowohl im ökonomischen wie auch im ökologischen Sinne ein enormer Vorteil.

Bisher wurden aus Schadinsekten zirka 350 verschiedene Virusarten isoliert. Von diesen befinden sich etwa 50 in der Eignungstestung und in der Anwendung. Im Jahre 1970 wurde in den USA das erste kommerzielle Viruspräparat zugelassen: das Kernpolyedervirus gegen die Baumwolleule *(Heliothis zea)*. Seine Wichtigkeit bestand darin, daß zu diesem Zeitpunkt die Baumwolleule bereits gegenüber allen gebräuchlichen Insektiziden resistent geworden war. Die dringende Notwendigkeit für die Einführung eines neuen Präparates lag also auf der Hand. In der Tat scheint die Entstehung von Resistenzen gegenüber Viren nicht so schnell vonstatten zu gehen wie gegenüber »einfachen« chemischen und biologischen Wirkstoffen. Und ein weiterer Vorteil: Viruserkrankungen werden häufig, wenn es bei der Bekämpfung überhaupt zur Geschlechtsreife des Insektes kommt, an die Nachkommenschaft weitergegeben. Dadurch bleibt das Virus über längere Zeit in der Population erhalten. Durch ungünstige ökologische Faktoren (sog. Streßfaktoren) kann es dann sehr schnell zum Ausbruch von Epidemien kommen.

Heute gibt es eine Reihe anerkannter Viruspräparate gegen Schädlinge in der Land- und Forstwirtschaft, so gegen die Kohleule *(Trichoplusia ni)* in den USA, den japanischen Kiefernspinner *(Dendrolimus spectabilis)* in Japan, gegen die gelbe Kiefernbuschhornblattwespe *(Neodiprion sertifer)* in Finnland, den Schwammspinner *(Lymantria dispar)* in der UdSSR und andere mehr. In nahezu allen europäischen Ländern sind Viruspräparate in der Erprobung.

Eine weitere Gruppe von Biopestiziden sind Präparate auf der Grundlage mikrobieller Wirkstoffe. Um die Vorstellung zu erleichtern: In diese Gruppe gehören von Ursprung, chemischer Natur und Wirkungsweise her auch die uns als wichtige Arzneistoffe bekannten Antibiotika. Auch sie werden ja bei Infektionskrankheiten gegen Schädlinge – krankmachende Mikroben im menschlichen oder tierischen Organismus – eingesetzt.

Mikrobielle Wirkstoffe sind natürliche organische Verbindungen, die, vom Mikroorganismus gebildet und in seiner Umgebung abgegeben, in irgendeiner Form auf andere Organismen – Mikroben, höhere Pflanzen und Tiere – wirken. Charakteristisch ist die geringe Konzentration, in der diese Stoffe bereits wirksam sind. Sie haben Bedeutung in der Auseinandersetzung zwischen Mikrobe und Umwelt, indem sie dem betreffenden Mikroorganismus bei der Deckung seines Nährstoffbedarfs durch Erschließung immer neuer Nahrungsquellen helfen, ja, eine lebensnotwendige Voraussetzung für parasitische Mikroben darstellen. Sie dienen dem mikrobiellen Parasiten als Waffe gegen seinen Wirt.

So gibt es phytopathogene Toxine (Pflanzen krank machende Gifte), die von Mikroben, welche als Parasiten auf oder in höheren Pflanzen leben, gebildet werden und insektenpathogene Toxine (also Gifte, die gegen Insekten, in denen die Mikroben als Parasiten leben, wirken). Säugerpathogene Toxine »kennen« wir von unseren eigenen Auseinandersetzungen mit Mikroben in kranken Tagen. Während insekten- und phytopathogene Toxine in der Umweltschutz-Biotechnologie eine Rolle zu spielen beginnen, sind säugerpathogene Toxine in diesem Zusammenhang ohne Bedeutung.

Antibiotika als von Mikroben gegen Mikroben gebildete Wirkstoffe spielen in der Pflanzenproduktion als Fungizide, also Präparate gegen Pilzschädlinge von Kulturpflanzen, eine besondere Rolle. Als Beispiel soll uns das Antibiotikum Blasticidin S dienen, von dem in Japan jährlich etwa 7000 Tonnen auf biotechnologischem Wege produziert werden. Blasticidin S dient der Bekämpfung von parasitischen Pilzen (*Pyricularia oryzae* und *Pellicularia sasakii*) im Reisanbau. Reiskulturen stellen wegen der Besonderheiten ihres Anbaus (hohe Feuchtigkeit, hohe Temperaturen) einen für Pilze besonders geeigneten Lebensraum dar.

Eine besonders interessante, noch im Stadium der Forschung befindliche Wirkstoffgruppe sind die biogenen Herbizide. Dabei handelt es sich um mikrobielle Wirkstoffe, die Pflanzen – gezielt Unkräuter – schädigen. Die bereits besprochenen Mycoherbizide stellen quasi die Vorstufe für diese neue Generation biogener Pflanzenschutzmittel dar. Parasitische Mikroorganismen, die auf oder in Pflanzen leben, benötigen für diese Lebensweise Wirkstoffe, welche es ihnen ermöglichen, die Wirtspflanze als Nahrungsquelle und Lebensraum zu erschließen. Damit schädigen sie die Wirtspflanze, bringen sie unter Umständen zum Absterben. Derartige Wirkstoffe nennen wir phytopathogene Toxine (= Pflanzen krank machende Gifte) oder kurz »Phytotoxine«.

Die Existenz von Phytotoxinen ist 1886 – obschon in ihrer chemischen Zusammensetzung noch unbekannt – von dem deutschen Botaniker und Mikrobiologen ANTON DE BARY postuliert worden. 1954, zu einem Zeitpunkt also, als die Naturstoffchemie und damit auch die Erforschung ebendieser Wirkstoffe schon große Fortschritte gemacht hatte, trifft der Wegbereiter der modernen pflanzlichen Infektionslehre, der Phytopathologe GÄUMANN eine wichtige Aussage: »Mikroorganismen sind nur dann pathogen, wenn sie toxigen sind.« Damit wird die Rolle mikrobieller Gifte im pflanzlichen Krankheitsgeschehen festgelegt. Der praktische Nutzen dieser Aussage besteht für den Forscher, der nach neuen Wirkstoffen sucht, darin, daß er bei phytopathogenen Mikroben also fündig werden muß! Vorausgesetzt natürlich, diese

Mikroorganismen bilden die Gifte auch unter seinen Laborbedingungen. Somit wird der Schritt vom Mycoherbizid zum mikrobiellen Wirkstoffherbizid klar: Beim Wirkstoffherbizid wird der Mikroorganismus im Präparat »weggelassen«. Er dient im biotechnologischen Verfahren – in der biotechnologischen Fabrik – nur noch zur Produktion des Toxins. Die Wirkstoffproduktion wird also von der Natur (mit all ihren klimatischen und biologischen Schwierigkeiten) in den Bioreaktor, in dem optimale und konstante Produktionsbedingungen vom Biotechnologen eingestellt werden, verlegt.

Gibt es Vorteile biogener Wirkstoffherbizide gegenüber dem Einsatz lebender Mikroben? Es lassen sich auf diesem Gebiet, dem es noch an der notwendigen Vielzahl praktischer Ergebnisse fehlt, keine konkreten Aussagen machen. Alles deutet indes daraufhin, daß die jeweilige, ganz spezielle Einsatzsituation über Vor- und Nachteile dieser oder jener Präparate entscheiden wird. Dennoch läßt sich sagen, daß Wirkstoffpräparate Vorteile in der Handhabbarkeit haben und weniger ökologisch bedenklich sind. Immerhin bringt man im Falle der biogenen Insektizide und der Mycoherbizide Mikroorganismen in die natürliche Umwelt. Diese vermehren sich dort und bedürfen demzufolge einer ständigen Beobachtung. Auch findet, wie bereits erwähnt, die Toxinproduktion unter natürlichen Bedingungen statt und ist somit von äußeren Klimafaktoren abhängig. Die Sicherheit in der Wirkung ist aufgrund zu wenig gebildeten Toxins möglicherweise nicht immer garantiert. Auch muß beim Einsatz lebender Mikroben damit gerechnet werden, daß sich deren Wirtsspezifität und damit ihre »biologische Stoßrichtung« vom Unkraut zur Nutzpflanze durch Mutation ändert. Des weiteren sind uns eine ganze Reihe von Abwehrreaktionen der befallenen Pflanze gegen den Parasiten bekannt. Die Pflanze erkennt den Parasiten (ähnlich wie dies unser Immunsystem mit einem in die Blutbahn eingedrungenen Fremdkörper tut) und bringt daraufhin ihre biologischen Waffen in Anwendung. Dies ist die Ursache dafür, daß unter natürlichen Verhältnissen kranke Pflanzen die Ausnahme darstellen. Die von der Parasitenzelle ausgelösten »Rückreaktionen« der Pflanze können durch den Einsatz des Toxins vermieden werden und das Gesamtgeschehen effektiv zu ungunsten z. B. des Unkrauts beeinflußt werden. Aber, wie gesagt: die Entscheidung kann nur im Einzelfalle getroffen werden. Sehr wahrscheinlich ist, daß Parasitenpräparate und Toxinpräparate gleichberechtigt nebeneinander existieren werden. Das Futurum der Aussage zeigt, daß alle Entscheidungen auf diesem Gebiet in der Zukunft liegen. Diese

Wie ein Bioherbizid entsteht

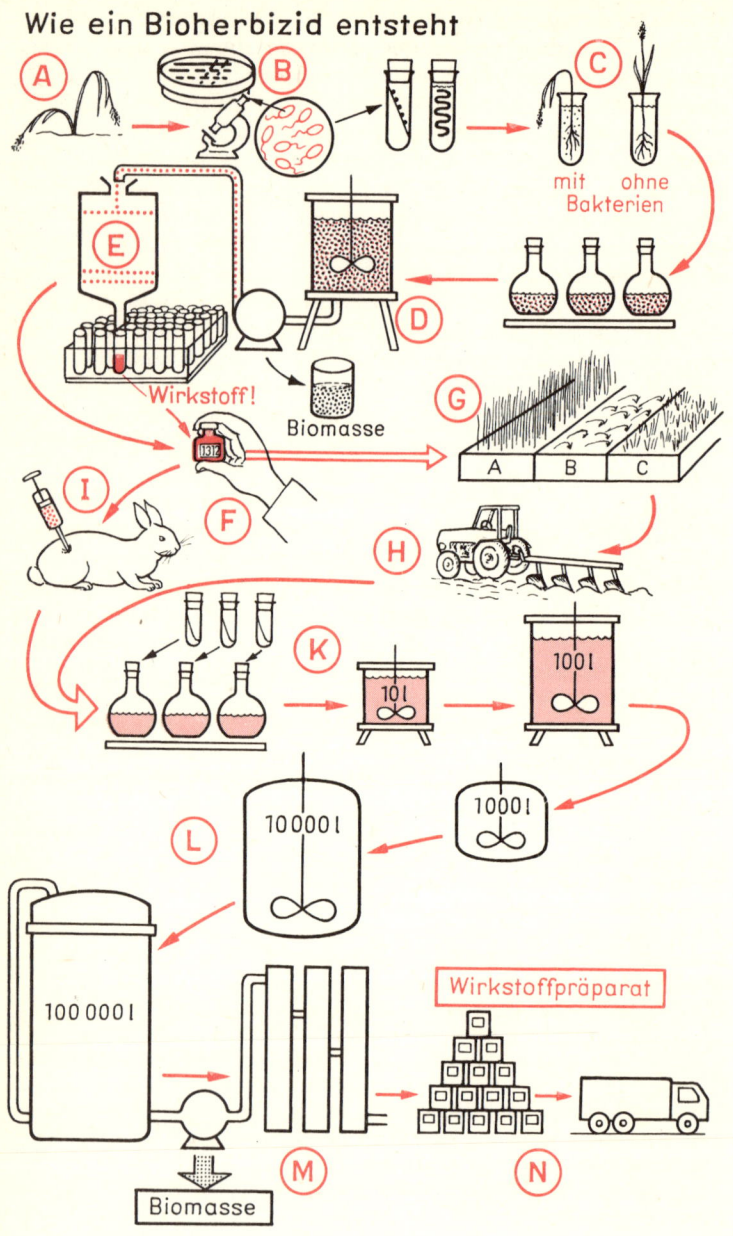

werden heute durch Forschergruppen in der ganzen Welt in mühevoller Kleinarbeit vorbereitet. Wichtige Anfänge sind bereits gemacht: Bisher sind über 200 Phytotoxine bekannt. Sie werden vornehmlich, aber nicht ausschließlich, von pflanzenpathogenen Mikroben gebildet. Da sich bisher phytopathologische Forschung ausschließlich mit den Krankheiten unserer Nutzpflanzen beschäftigt hat, sind die bekannten Phytotoxine Wirkstoffe, die von Nutzpflanzenschädlingen gebildet werden. Diese Toxine sind allerdings zu etwa 90 % wirtsunspezifisch – sie wirken also gegen mehrere Pflanzenarten. Diese Tatsache macht sie für die Suche nach Wirkstoffen gegen Unkräuter interessant. Gleichzeitig werden aber auch Krankheiten unserer Problemunkräuter verstärkt untersucht, um zu unkrautspezifischen Phytotoxinen zu kommen. Ein wichtiger Umstand dieser Forschungsarbeiten ist es, daß sowohl von der Herkunft als auch von der chemischen Struktur dieser Wirkstoffe keinerlei Aussagen über ihre Wirksamkeit und Spezifität gemacht werden können. Somit lassen sich auch keine Verallgemeinerungen treffen oder Voraussagen hinsichtlich der Wirtsspezifität machen. Nur die unmittelbare Testung einer Verbindung gegen eine bestimmte Unkrautpflanze bringt verbindliche Ergebnisse. Darin liegt die Schwierigkeit und sogleich die Chance der Suchforschung nach neuen Herbiziden.

Ein Beispiel wollen wir näher betrachten: Das Bakterium *Rhizo-*

Abb. 39   Wie ein Bioherbizid entsteht: Von erkrankten Pflanzen (A) werden die Krankheitserreger isoliert (B). Im Pathogenitätstest (C) entscheidet sich dann, ob man die phytopathogene Mikrobe »erwischt« hat. Ist dies der Fall, wird der Mikroorganismus im Labor vermehrt (D). Das Kulturmedium (die Nährlösung) wird auf Wirkstoffe getestet. Wird Wirkstoffaktivität nachgewiesen, so wird mittels verschiedener Trenntechniken (z. B. Säulenchromatografie) der Wirkstoff isoliert und gereinigt (E). Es folgen Strukturanalyse und möglichst breite Wirkungstestungen. Für die Herbizidentwicklung sind Anwendungstestungen im Gewächshaus (G) und Freiland (H) notwendig. Die toxikologische Prüfung (I) gibt Auskunft über die Bedenklichkeit der gefundenen Verbindung. Hat der Wirkstoff allen Testanforderungen genügt, erfolgt die Fermentationsoptimierung im Kleinmaßstab bis 100 l Kulturvolumen (K). Dieser schließt sich die Maßstabvergrößerung in Pilotanlagen bis zum Industriefermentor mit 100 000 l und mehr an (L). Nach der Fermentation erfolgt wie bereits im Labor die Trennung von Biomasse und Produkt und die Reinigung des Wirkstoffs (M). Nach entsprechender Konfektionierung wird das Wirkstoffpräparat (N) verpackt und zum Verbraucher transportiert. Um die Kompliziertheit des Ganzen zu verdeutlichen: Zwischen (A) und (N) liegen etwa 10 Jahre intensiver Forschungsarbeit!

bium japonicum produziert unter geeigneten Bedingungen eine Verbindung, der man den Namen Rhizobitoxin gegeben hat. Es handelt sich dabei um ein Aminosäurederivat, welches in der Sojabohne, in Mais, Spinat und anderen Nutzpflanzen ein Enzym der Ethylensynthese (die β-Cystathionase) hemmt. Dadurch kommt es zu einer verminderten Bildung des Reifehormons Ethylen. Gleichzeitig zeigen sich Chlorosen (Gelbfärbungen der Blätter) und schließlich können die betroffenen Pflanzen sogar absterben. Diese Befunde sind für die Suche nach neuen Pflanzenschutzmitteln zunächst wenig interessant, da die erwähnten Wirkungen ja an Nutzpflanzen auftreten. Nun hat die Anwendungsforschung aber einen wichtigen Befund erhalten, der das Rhizobitoxin als Wirkstoffherbizid favorisiert: Das Fingergras *(Digitaria sanguinalis)*, ein Unkraut auf unseren Feldern, so auch in Weizenbeständen, wird durch das Rhizobitoxin abgetötet. Dazu ist eine Aufwandmenge notwendig, die an der Nutzpflanze Weizen keinerlei Wirkung zeigt. Damit wird eine Bekämpfung von *Digitaria sanguinalis* auf Weizenfeldern mit dem Wirkstoff Rhizobitoxin möglich. Da das Rhizobitoxin eine einfache chemische Struktur besitzt, ist die chemische Synthese und die gezielte Abänderung des Moleküls hinsichtlich der Erzeugung einer noch wirksameren dem Rhizobitoxin ähnlichen Verbindung mit möglicherweise verbesserten Eigenschaften in Erprobung.

Dieses Beispiel soll uns das Prinzip der Suche nach neuen mikrobiologischen Wirkstoffen mit Herbizidcharakter verdeutlichen. Bei dieser Suche dürfen wir auf Überraschungen gefaßt sein, denn von keinem mikrobiologischen Wirkstoff ist vorauszusagen, ob er nicht noch andere nützliche Eigenschaften hat. Von Mikroben synthetisierte Mittel zur Regulation des menschlichen Blutdrucks sind nur ein Beispiel dafür, daß zwischen Erzeuger und Verbraucher keinerlei evolutionärer Zusammenhang bestehen muß. Die Wirksamkeit hängt lediglich von der chemischen Struktur ab. Deshalb ist es ein Gebot der Stunde, jeden neu aufgefundenen Wirkstoff hinsichtlich möglichst vieler Wirkungen zu testen. Auch dies ist letztendlich ein Beitrag zum Umweltschutz: Der Einsatz einer Verbindung für möglichst viele Belange vermindert natürlich auf längere Sicht die benötigte enorme Vielzahl von Wirkstoffen. Dies steht durchaus nicht im Widerspruch zur Suche nach immer neuen Wirkstoffen: Beide Strategien gemeinsam werden den gewünschten Erfolg bringen.

Ein letzter Gedanke zu den Phytotoxinen: Der Kampf gegen Krankheiten unserer Kulturpflanzen wird auch mit den Toxinen der krankmachenden Mikroben geführt. Mit Hilfe moderner biologischer Methoden werden Nutzpflanzen gezüchtet, die gegen die Gifte ihrer Parasiten resistent sind. Damit wird die Gefahr der Besiedlung der Pflanze durch mikrobielle Krankheitserreger beseitigt – Fungizide beispielsweise brauchen nicht mehr in dem Maße wie bei sensitiven Pflanzen angewendet werden.

Mikroben sind also nicht nur in der Lage, Giftiges aus unserer Umwelt zu entfernen, sie bieten uns gleichzeitig eine bisher noch nicht überschaubare Vielfalt von umweltfreundlichen Wirkstoffen zur Nutzung an. Und so wird eines Tages im Bereich des Pflanzenschutzes der Einsatz biologischer und halbbiologischer Wirkstoffe neben chemisch synthetisierten Mitteln ebenso selbstverständlich sein, wie beispielsweise heutzutage die Verwendung von Antibiotika in der Medizin. Der Biotechnologie kommt dabei die Aufgabe zu, entsprechende Produktionsverfahren für biogene Pestizide zu entwickeln. Und dabei kann sie sich auch an die großen Erfahrungen der biotechnologischen Antibiotikafermentation anlehnen.

Biotechnologische Hochveredelung: Wirkstoffe aus Abfällen

Am Schluß unserer Betrachtungen über Biotechnologie und Umweltschutz wollen wir noch eine Verfahrensvariante biotechnologischer Wirkstoffproduktion kennenlernen, die – heute nur in Anfängen verwirklicht – zwei wichtige Umweltschutzaspekte in sich vereinigt: Gewinnung von Biopestiziden durch Abproduktentsorgung.

Vergegenwärtigen wir uns: Biowirkstoffe werden in biotechnologischen Verfahren hergestellt. Diese Verfahren werden vom Biotechnologen optimiert. Das heißt, daß für den betreffenden Mikroorganismus in Hinblick auf die Nahrungsansprüche und die äußeren Parameter des Prozesses (T, pH) optimale Bedingungen geschaffen werden, um viel hochwertiges Produkt in kürzester Zeit mit geringsten Kosten herzustellen. Die Güte des Verfahrens bestimmt den Preis des Produktes und damit dessen Marktfähigkeit.

In die Verfahrenskosten gehen zu großen Teilen (bis etwa zur Hälfte) die Kosten für die Hauptnährstoffe Kohlenstoff, Stickstoff, Phosphat usw. ein. Welche Nährstoffe eingesetzt werden müssen, bestimmt derzeit der Mikroorganismus. (Die Gentechnik kann auch hier wichtige Veränderungen bringen.) Darüber hinaus ist der Hersteller natürlich bemüht, möglichst billige und von Importen unabhängige Rohstoffe einzusetzen. Was bedeutet das? Teure Rohstoffe sind teil- oder höhergereinigte homogene Kohlenstoff- und Stickstoffverbindungen wie z. B. Glukose, Saccharose, Harnstoff, Ammoniumsalze. Billige hingegen sind nicht oder nur grob (Zerkleinern, Aufschließen) bearbeitete Rohstoffe, wie Mehle, Kleien, Proteinhydrolysate aus den verschiedensten pflanzlichen und tierischen Rohstoffen. Deren Herstellung ist billig.

Nun ist es ja so, daß die teuren in den billigen enthalten sind.

Wenn man also dem Mikroorganismus billige Ausgangsprodukte anbietet und dieser sich aufgrund seiner Stoffwechselfähigkeiten die teuren aus den billigen selbst herausholt, wird der Preis für die im Produktionsprozeß eingesetzten Ausgangssubstanzen also geringer. Der Preis des Produktes hingegen hängt aber auch von der Geschwindigkeit, mit der es hergestellt wird (der sogenannten Raum-Zeit-Ausbeute) ab. Muß der Mikroorganismus also die Aufarbeitung des billigen Substrates (beispielsweise die enzymatische Spaltung von Stroh zu Zellulose und weiter zu Glukose) selbst übernehmen (wenn er dazu in der Lage ist), so wird mit großer Wahrscheinlichkeit die Raum-Zeit-Ausbeute sinken. Vergleiche von verminderten Substratkosten und geringerer Produktionsrate werden – alle anderen, insbesondere die energetischen Faktoren, ebenfalls ins Kalkül gezogen – zur ökonomischsten Prozeßvariante führen.

Ständig steigende Weltmarktpreise für Prozeßrohstoffe zwingen zu möglichst hoher Veredlung. Wirkstoffe stellen im Vergleich zu solchen biotechnologischen Massenprodukten wie Ethanol oder verschiedenen »einfachen« Aminosäuren einen sehr hohen Veredlungsgrad dar. Gelänge es nun, diese besonders wertvolle Produktklasse aus möglichst billigen Ausgangsstoffen herzustellen, wäre der Gewinn besonders hoch.

Natürliche Abprodukte aus Landwirtschaft, Forstwirtschaft und Lebensmittelindustrie enthalten für Mikroben gut verwertbare Kohlenstoff- und Stickstoffquellen. Sie kosten nichts, ja oftmals bereitet ihre andersweitige Entsorgung erhebliche finanzielle Aufwendungen. Mit diesen Abprodukten steht also ein kostenloses Substrat zur Verfügung, dessen Beseitigung ohnehin eine Forderung des Umweltschutzes darstellt. In Landwirtschaft und Lebensmittelindustrie fallen etwa 250 derartige Abprodukte an, deren Verwertung (sehen wir von der Verfütterung von Molke an Schlachttiere und einigen anderen Beispielen ab) keinen oder nur geringen Nutzen bringt. Gelänge es nun, diese Abprodukte solchen Mikroben, die hochwertige Biowirkstoffe produzieren, zu »verfüttern«, würden zwei Umweltschutzanliegen sinnvoll miteinander vereint: umweltfreundliche Biowirkstoffe durch umweltgerechte Entsorgung von Abprodukten!

So einfach, logisch und wünschenswert zweckmäßig derartige Verfahren sind, so ist doch die Beantwortung einer Vielzahl von Fragen durch Mikrobiologen, Biotechnologen und Verfahrenschemiker notwendig: Kann der entsprechende Mikroorganismus diese oder jene Abprodukte überhaupt als Nahrungsgrundlage nutzen? Ist er bei Wachstum auf dem entsprechenden Abprodukt

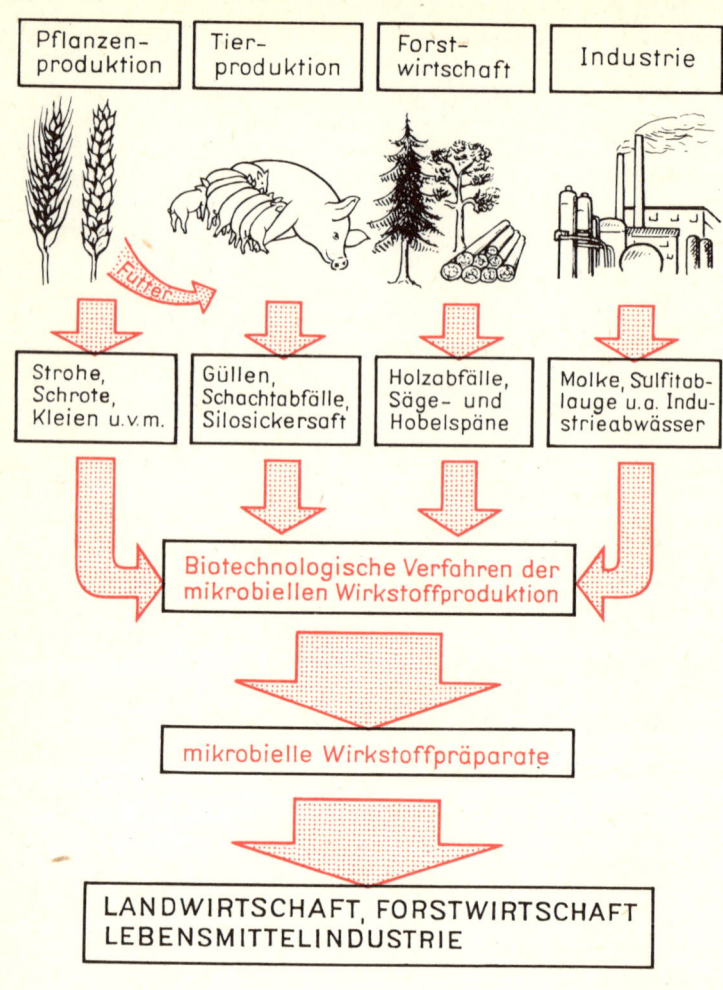

Abb. 40 Ihren höchsten Veredlungsgrad erreichen Abprodukte aus Landwirtschaft, Forstwirtschaft und Industrie, indem man auf biotechnologischem Wege aus ihnen Biowirkstoffe herstellt. Der Umweltschutzeffekt ist einleuchtend: Mit der Beseitigung umweltbelastender Abprodukte werden gleichzeitig umweltfreundliche Wirkstoffe gewonnen.

zur Wirkstoffproduktion befähigt? Dies sind die Grundfragen, die beantwortet werden müssen, bevor man an die Lösung verfahrenstechnischer Probleme gehen kann. Besonders geeignet erscheinen Abprodukt-Wirkstoffverfahren mit Einfachtechnologien dort, wo es darum geht, für einen eng begrenzten Umfang Biopestizide bei gleichzeitiger Abproduktbeseitigung herzustellen (beispielsweise für einen oder mehrere landwirtschaftliche oder forstwirtschaftliche Betriebe). Dieser Rahmen setzt auch die ökonomischen Maßstäbe.

In China werden Präparate der uns bereits als Biopestizide bekannten insektenpathogenen Mikroben *Bacillus thuringiensis* und *Beauveria bassiana* im Maßstab der Kommunen durch Verwertung landwirtschaftlicher Rohprodukte und Abprodukte auf sehr einfache Art und Weise hergestellt: Spezialinstitute stellen die Produktionsstämme in Form von Agar-Kulturen den örtlichen Vermehrungs- und Produktionsstätten zur Verfügung. Hier erfolgt nun auf Substraten wie Weizen- und Reiskleie oder Reis- und Maisstengelmehl, Sojaschrot und Baumwollsamen, aber auch auf stark zerkleinerten pflanzlichen und tierischen Abfällen, wie sie in jedem ländlichen Haushalt anfallen, die weitere Vermehrung der Mikroben. Letztendlich entstehen so getrocknete Substrat-Mikroorganismus-Gemische, die etwa 10^7 bis 10^{11} Mikroben pro Gramm Produkt enthalten.

Wenn es um die biotechnologische Gewinnung von Wirkstoffen im großen Maßstab geht, werden Abproduktverfahren aufgrund der Heterogenität des Substrates und den daraus resultierenden Prozessinstabilitäten in absehbarer Zeit wohl keine Ergänzung oder gar Alternative zu den teueren, aber effektiveren Verfahren mit definierten Ausgangssubstanzen darstellen. Im kleinen und kleinsten Maßstab kann die Biopestizidproduktion auf Abprodukten in Einfachtechnologien auch in der europäischen Landwirtschaft als eine sinnvolle Ergänzung angesehen werden. Gerade eben die Verknüpfung von Abfallverwertung auf biologische Weise mit der Gewinnung umweltfreundlicher Wirkstoffe macht das Thema so reizvoll.

Weiterführende Literatur
für Interessenten

BEUSCHOLD, E.: Problem Wasser. Urania-Verlag, Leipzig-Jena-Berlin, 1984, und Aulis-Verlag, Köln 1984.

BUCK, H. und G.: Mikroorganismen in der Abwasserreinigung. Abwassertechnische Vereinigung. Hartmann-Verlag München, 1980.

CAMPBELL, R.: Mikrobielle Ökologie. Akademie-Verlag, Berlin, 1981.

DUNGER, W.: Unbekanntes Leben im Boden. Urania-Verlag, Leipzig-Jena-Berlin, 1976, und Aulis-Verlag, Köln, 1984.

FELLENBERG, G.: Umweltforschung. Einführung in die Probleme der Umweltverschmutzung. Springer-Verlag, Berlin, Heidelberg, New York, 1977.

FRANZ, J. M. und KRIEG, A.: Biologische Schädlingsbekämpfung unter Berücksichtigung integrierter Verfahren. Verlag Paul Parey, Hamburg, Berlin, 1982.

FRESENIUS, W.; SCHNEIDER, W.; BÖHNKE, B. und PÖPPINGHAUS, K. (Hrsg.): Abwassertechnologie. Springer-Verlag, Berlin, Heidelberg, New York, Tokyo, 1984.

FRITSCHE, W.: Umwelt-Mikrobiologie: Mikrobiologie des Umweltschutzes und der Umweltgestaltung. Akademie-Verlag, Berlin, 1985.

GOTTSCHALK, G.; BEYREUTHER, K.; FRITZ, H. J.; GRONENBORN, B.; HAMMES, W.; KULA, MARIA REGINA; MEIJERE, A. DE.; VOGEL, S. und WANDREY, Ch.: Biotechnologie – das ZDF-Studienprogramm als Buch. Verlagsgesellschaft Schulfernsehen-vgs-, Köln, 1986.

GRUSS, P.; HERRMANN, R.; KLEIN, A. und SCHALLER, H. (Hrsg.): Industrielle Mikrobiologie: ausgewählte Verfahren und Perspektiven für die Zukunft. Spektrum-der-Wissenschaft-Verlagsgesellschaft, Heidelberg, 1984.

HABEK-TROPFKE, H.-H.: Abwasserbiologie. Werner Verlag, Düsseldorf, 1980.

HARTMANN, L.: Biologische Abwasserreinigung. Springer-Verlag, Berlin, Heidelberg, New York, 1983.

HÄNEL, K.: Biologische Abwasserreinigung mit Belebtschlamm. VEB Gustav Fischer Verlag, Jena, 1986.

HEINISCH, E.; PAUKE, H.; NAGEL, H. D. und HANSEN, D.: Agrochemikalien in der Umwelt. VEB Gustav Fischer Verlag, Jena, 1976.

JANKE, D. und FRITSCHE, W.: Mikrobielle Dechlorierung von Pestiziden und anderen Umweltchemikalien. Zeitschrift für Allgemeine Mikrobiologie, Bd. 18 S. 365–382 (1978).

JETTER, U.: Technik im Umweltschutz: Aufgaben, Verfahren, Probleme. Girardet-Verlag, Essen, 1979.

KORTE, F. (Hrsg.): Ökologische Chemie. Georg Thieme Verlag, Stuttgart, 1980.

LINDNER, K. E.: Milliarden Mikroben: Vielfalt, Rätsel und Leistungen. Urania-Verlag, Leipzig-Jena-Berlin, 1978, und Aulis-Verlag, Köln, 1978.

MUDRACK, K. und KUNST, S.: Biologie der Abwasserreinigung. Gustav Fischer Verlag. Stuttgart, New York, 1985.

PRÄVE, P.; FAUST, U.; SITTIG, W. und SUKATSEK, D. A. (Hrsg.): Handbuch der Biotechnologie. Akademische Verlagsgesellschaft, Wiesbaden, 1982.

RANDOLPH, R.: Wohin mit dem Abwasser? VEB Verlag für Bauwesen, Berlin, 1985.

REHM, H. J.: Industrielle Mikrobiologie. 2. Auflage, Springer-Verlag, Berlin, Heidelberg, New York, 1980.

SEDLAG, U.: Biologische Schädlingsbekämpfung. Akademie-Verlag, Berlin, 1980.

STRAUBE, G. und FRITSCHE, W.: Phytopathogene Toxine – Wirkungsweise und mögliche Bedeutung als Unkrautbekämpfungsmittel. Biologische Rundschau, VEB Gustav Fischer Verlag, Jena, Bd. 16, S. 232–243 (1978).

ZIMMERMANN, G.: Pilze als Krankheitserreger bei Insekten und ihr Einsatz in der biologischen Schädlingsbekämpfung. forum mikrobiologie, Bd. 3, S. 164–172 (1980).

Bisher sind in der Reihe »Wir und die Natur« erschienen: